日本職人の

本格麵包事典

6種典型麵團×95款世界經典麵包，在家就能烤出專業級美味

松尾美香 著　陳冠貴 譯

Prologue

看到在家自製麵包的人越來越多，讓我覺得十分開心。我開始親手烤麵包的契機是從小就喜歡麵包，喜歡到我的主食和點心都是麵包，而不是白飯的程度（其他家人的主食是白飯）。從小開始，母親就會親手為我製作奶油捲和披薩。母親烤的麵包，對我來說是一種「媽媽的味道」。

小時候，爸爸媽媽為你做過的美味佳餚，是不是令你一直放在心上呢？尤其是自己喜歡的食物。順帶一提，我一直記得爸爸為我做的料理是荷包蛋，因為他是連飯都不會煮的人，所以也就只有這麼一次（笑）。

現在的麵包店販售各式各樣的麵包，也有更多酷炫時尚的麵包。我漸漸因為找不到那些小時候吃過、令人懷念的麵包而感到很落寞。雖說如此，就算店裡販售那些麵包，我還是會選擇法國麵包（我指的不是長棍麵包，而是法國的麵包）。我很常不自覺地就選了外表看起來時尚又酷炫的麵包。不過，我的意思並不是說傳統的麵包不時尚喔。

不管是傳統麵包店賣的麵包，還是時尚的烘焙坊販售的麵包，本書都會介紹。有些烘焙坊賣的麵包，光看名稱可能無法想像是怎樣的麵包。或許有些是只在書上看過、第一次知道的麵包。如果讀者也能欣賞這些照片，我會很開心。

本書刊載了許多我最喜歡的法國麵包，有的麵包外表看起來很樸素，很多這樣的麵包才是真正不能偷工減料、製作上具有一定難度的。請務必挑戰看看，享受麵粉的滋味。其實我還有很多很多想介紹的麵包，這些就有待未來再說了……。

請各位讀者在翻閱食譜之前，先仔細閱讀「製作美味麵包的訣竅（P.8）」。這裡不僅寫了揉麵和整形的訣竅，還有用具和設備等等的基礎知識。本書的內容是以我製作麵包時的環境為基準，讀者的環境無法調整成和我一模一樣，所以我在書中提點了讀者如何配合調整製作麵包環境的方式，希望大家都能反覆閱讀。

第一次嘗試製作的麵包，請務必按照本書的作法。每個人應該都有自己喜歡的

麵粉，但只有第一次製作的麵包，請務必使用指定的麵粉。不是住在日本的人，要取得相同的麵粉可能有些困難，請這些海外讀者使用灰分相近的麵粉（請參見P.6 基本的麵粉）。

　　請嘗試使用指定的麵粉製作，記住這個麵糰的狀態，之後可以試著使用自己喜歡的麵粉，和上次用指定麵粉製作時的麵粉狀態做比較，例如麵糰較鬆就減少水分，較硬就增加水分等，使麵糰的狀態和本書中的相同。這裡所謂的相同，不僅指的是製作步驟，同時也指麵糰的狀態。

　　要學會烤麵包，就必須徹底烤好一個麵包。當然我也希望讀者可以烤出各種麵包，但是一開始請各位要有耐心，試著徹底烤好一個你最喜歡的麵包。漸漸掌握訣竅後，接下來就可以嘗試以這個麵包為基準製作其他麵包。透過在製作過程中和基準的麵包做比較，我們可以學到非常多東西。而這些烤了很多次的麵包，或許就會像我一樣，成為「母親的麵包」、「父親的麵包」，也是你的麵包……。

　　我偶爾會在社群平台上看到「我失敗了……」的發言，也有來教室上課的學生會這麼說。對你來說什麼是失敗？我在烤出不好吃的麵包時，也會使用失敗這個詞彙，但如果只有外表不好看，我就不會這麼說。麵包是食物，雖然有句話說「用眼睛吃」，但食物最重要的還是味道。我希望，只要麵包好吃，大家就不要認為那是失敗的。麵包經常會需要切過後再吃，所以外表不好看的話，只要切過再上桌就好了。只要把外型不好的部分切掉，再上傳到社群平台就行了。畢竟那是你花了好幾個小時才烤出來的麵包。請誇獎出爐的麵包，對它說聲「看起來好好吃」吧！

　　沒錯，剛開始製作的時候，請你一邊想像烘烤完成後，從烤箱取出麵包的瞬間，還有對你來說很重要的人，或是你本人津津有味地吃著麵包的樣子，一邊製作麵包吧！只要你願意用心，麵包就會烤得很好吃。

　　那麼，讓我們一起開心地製作麵包吧。

松尾美香

CONTENTS

‖ Part 1 各種麵包的作法

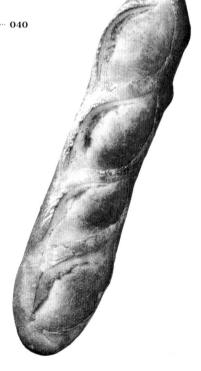

Part 2 烘焙坊的麵包

Part 3 傳統麵包店的麵包

‖ 材料

基本麵粉
- 利斯朵中筋麵粉
  （中筋麵粉／蛋白10.7±0.5%／
  灰分0.45±0.03%）
- 鷹牌高筋麵粉
  （高筋麵粉／蛋白12.0±0.5%／
  灰分0.38±0.03%）、
- 全麥麵粉（麵包用）、
- 裸麥粉（中度研磨）

**速發乾酵母、
鹽（沖繩島鹽）、上白糖、
脫脂奶粉**

油脂

奶油（無鹽）、豬油、橄欖油

麥芽

麥芽糖漿、麥芽粉

水

自來水、礦翠Contrex天然礦泉水

配料

果乾類、堅果類、巧克力等

其他粉類

粗磨穀粉、可可粉等

‖ 用具

電子秤
能夠以0.1g為單位秤重

調理盆（15cm、18cm）
揉麵或整形後發酵時使用

手粉、濾茶網
手粉使用利斯朵中筋麵粉，
把麵糰滾圓或整形時使用

刷子‧毛刷

製作可頌時使用刷子；在麵
糰上塗蛋液時使用毛刷。
在烤模上塗奶油時建議使
用矽膠材質的

**刮板、橡皮刮刀、
麵棍、打蛋器**

分割麵糰或整形時使用刮
板；製作可頌類麵包時使
用木製的擀麵棍

**木板、麵糰發酵布、
抹布、麵糰移動板、
烘焙紙、料理紙**

木板可以用紙板代替；抹
布建議使用無印良品的落
棉環保抹布

**隔熱手套或棉紗手套、
散熱架**

使用棉紗手套時請戴雙層

割紋刀、剪刀
在麵糰上劃入切口或割紋
時使用

烤模類
吐司烤模（9.5×18×9
cm）、圓形烤模（直徑8cm
高度2cm）、圓錐形烤模等

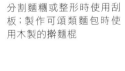

保鮮盒
使用10×10×10cm尺寸的
容器

瓶子
約直徑7.5cm、高15cm，製
作葡萄乾酵母時使用

||| 關於攪拌

雖然製作各種麵包需要的攪拌方法不同，但共同的目標都
是做出又長又強韌的麵筋。如果麵筋很脆弱，麵包在烘烤
後的隔天就會變硬，因此確實揉麵，做出強韌的麵筋就顯
得非常重要。有個方法可以辨別麵糰是否已經形成強韌的
麵筋，那就是用手拉開麵糰，如果可以像橡膠一樣延展並
富有彈性，就代表已經形成強韌的麵筋。也可以看麵糰是
否能拉撐為薄膜狀，但如果還不熟練的話，麵糰很容易破
裂，所以比較建議用拉開麵糰的方法。在尚未熟練時，就算
拉開麵糰確認彈性，其實通常還是不夠，因此即使認為已
經形成麵筋，也會建議再多揉五分鐘左右。五分鐘會比自
己體感的再久一點，請使用廚房計時器準確計時。

形成麵筋的狀態　　尚未形成的狀態

||| 關於發酵

如果使用發酵箱或具有發酵功能的烤箱，請按照本書的方法發酵。其他的情況，請在室溫下
發酵，室溫指的是18～28度。發酵的溫度和所需時間成反比，溫度低發酵時間長；溫度高則發
酵時間短。以低溫長時間發酵的方式讓麵糰熟成，可以做出更為鮮美可口的麵包。冬季期間，
則建議可以盡量放在暖和的地方，例如暖氣上方，或是暖桌中。

攪拌後的發酵完成基準可以參考食譜的膨脹率，或是以手指測試來檢查。所謂的手指測試，
是用沾了手粉的手指戳麵糰，如果孔洞維持原樣不會縮小，那就是發酵完成了；如果孔洞會縮
小，那就讓麵糰再發酵幾分鐘，之後再次以手指測試時，請用手指戳同一個洞確認。

如果在整形後讓麵糰發酵，也可以把麵糰放在正在預熱的烤箱旁邊（不可放在烤箱上）。要
辨認發酵是否完成，可以用手指沾上手粉，輕輕按壓麵糰的側面。如果手指會留下痕跡，或是
麵糰會慢慢恢復原狀的話，就是發酵完成
了。請注意別按得太用力，以免殘留手指的
痕跡。此外，乾燥是麵包的大敵。發酵時若
不能保持溼度，請用保鮮膜（先在保鮮膜塗
上薄薄一層油，就不會黏在麵糰上）輕輕包
在麵糰上，或蓋上擰得很乾的溼抹布。

一次發酵完成的狀態　　最終發酵完成的狀態

‖ 關於整形

整形時，請在檯面或手上使用手粉，以免麵糰沾黏。雖然本書
的製作流程中沒有提到，但製作時請記得使用手粉。

正在使用手粉

‖ 關於烤箱

烤箱務必在預熱後使用。大部分的烤箱在預熱完成響鈴後，整個烤箱內部的熱度還是不夠。
請在響鈴後，至少再預熱15分鐘，然後再把麵糰放進烤箱烘烤。

此外，製作長棍麵包或鄉村麵包之類的硬式麵包時，非常重要的是下火。可是家用烤箱無法調
整下火，因此我們可以在預熱時，預先將烤盤放入烤箱，藉由確實加熱烤盤來代替下火溫度。
記得預熱時，請務必把烤盤放進烤箱。若看到本書載明「以最高溫預熱」，請最少預熱40分
鐘。此時不使用烤箱的預熱功能，建議以空燒預熱。

此外，有些烤箱可能會出現烘烤不均的情形。建議避免把麵糰放在造成烤色較深的地方，或
者可以在烘烤過程中，調換烤盤的前後方向。

本書記載的烤箱溫度和時間，是以我的烤箱為基準。即使是一樣的烤箱，每台烤箱也可能隨
使用時間產生變化，烘烤效果未必相同。建議讀者先按照本書的說明烤烤看，成品烤色較深
的話就調低溫度；烤色較淺則調高溫度。若上色不佳，可能要考慮是否為預熱不夠確實，可以
試著增加預熱的時間。

‖ 關於蒸氣

使用有蒸氣功能的烤箱時，請添加五分鐘的蒸氣。因為我的烤箱
沒有蒸氣功能，所以我會在方形盤裡鋪上小石頭，再放進烤箱和
烤盤一起加熱。待放入麵糰後，在小石頭淋上50cc的熱開水以添
加蒸氣。

※無法進行上述步驟時，請用噴霧器朝烤箱內上方噴灑足夠水分。

放進鋪了小石頭的方形盤

Part
1

各種麵包的作法
Bread Making for Each Method

▏▏ 直接法

一次混合所有材料，攪拌完成麵糰的作法。特徵是從攪拌到烘焙完成的時間很短，在家自製麵包通常使用這個方法。

製作步驟分為①揉麵、②1次發酵、③分割、④整形、⑤最終發酵、⑥烘焙完成。這些步驟是製作麵包的基礎，因此最好謹記在心。

如同我在「製作美味麵包的訣竅（P.8）」有關發酵的章節所述，經過長時間發酵的麵包具備熟成豐富的風味，也可以延緩變質。直接法的全部步驟所需的時間較短，但要注意如果沒弄清各個步驟出了差錯，麵包馬上就會變硬，容易變質。

直接法的揉麵

◎ 混合材料

1. 把麵粉、酵母、砂糖、鹽放進調理盆輕輕拌合，再加水確實混合。

2. 混拌至沒有粉粒後，取出放在工作台上。

3. 在檯面上來回推展麵糰，重複此動作直到結成一塊。

◎ 揉麵

甩打揉麵

滾揉

4. 雙手拿著麵糰，朝檯面甩打再對折。

5. 轉90度橫向拿著麵糰，以同樣方式甩打對折。重複此動作直到麵糰的表面變光滑，形成有彈性的麵筋。

4'. 一邊用力，一邊用左手朝右斜上方滾動，滾過去再滾回來。然後用右手往左斜上方滾動，一樣滾過去又滾回來。重複此動作直到麵糰的表面變光滑，形成有彈性的麵筋。

【材料】

· 麵粉
· 速發乾酵母 ┐
· 砂糖   │ 調理盆
· 鹽   ┘
· 水
· 奶油
· 配料

◎ 確認麵筋

6. 試著甩動拉開麵糰，如果有彈性不會立刻破裂，就是揉麵完成了。如果會立刻破裂就要繼續揉麵。

◎ 加入奶油

7. 用刮板切碎奶油，放在麵糰上，然後在檯面上摩擦麵糰混入奶油。
※奶油在使用前請放冰箱冷藏。

◎ 加入配料

8. 攤開麵糰，把2/3的配料撒在半面的麵糰上，再蓋上沒有配料的那一面麵糰。

9. 把剩下的配料撒在半面的麵糰上，再蓋上沒有配料的麵糰，輕輕按壓。

10. 用刮板切割堆疊麵糰，重複此動作數次，混進配料。

◎ 滾圓

11. 在工作台上撒手粉，並且滾圓麵糰。

長棍麵包

短時間內就能輕鬆製作的長棍麵包。
整形的時候，只要在邊緣從頭到尾用同樣的力道收口麵糰，
成品就會很漂亮。

各種麵包的作

長棍麵包

【材料】 （28cm 2條份）

鷹牌高筋麵粉	140g
利斯朵中筋麵粉	100g
速發乾酵母	1.5g
鹽	4.5g
水	160g
麥芽	2g

【作法】 ※先進行P.12 ～13直接法的「揉麵」步驟**1～6**。

1. 分割成2個各204g的麵糰。

2. 從近身側寬鬆地折捲，轉90度後再次寬鬆地折捲成圓筒狀。

3. 將折疊收口處朝下，輕輕包上保鮮膜，室溫發酵30分鐘。

4. 把麵糰發酵布的邊端往內折2cm，然後再折一次。

5. 用夾子固定，放在木板上。

6. 用手掌按壓，確實排氣。

7. 從近身側向外折疊1/3麵糰,再用手掌確實按壓。

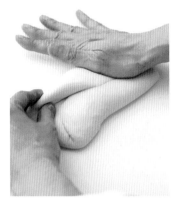

8. 折疊對側的麵糰稍微重疊,再用手掌確實按壓。

9. 從對側向內折疊1/3,並沿著麵糰由右至左按壓邊緣。

10. 再從對側向內折疊1/3,並沿著麵糰由右至左按壓邊緣。

11. 從對側向內對折,並沿著麵糰由右至左收口邊緣。

12. 滾動麵糰延展成26cm,捏合兩端收口。

13. 把麵糰的收口處朝下,放在麵糰發酵布上(整形後本來在近身側的部分,一定要放在有夾子的那一邊,要是弄錯方向會很難劃開割紋)。

14. 以35℃發酵30分鐘。把烤盤放進烤箱,以最高溫度預熱。30分鐘後,直接放進冰箱冷藏15分鐘。

15. 把有夾子的那一側放在左邊,把麵糰放在麵糰移動板上,再移到烘焙紙上。

16. 將左側轉向朝自己（和整形完成後的狀態位置一樣），過篩撒上手粉。

17. 劃出引導線，再劃入4條割紋（請參考「割紋的劃法」）。

18. 用烘焙紙蓋住麵糰，移動到烤盤上。

19. 在烤箱添加蒸氣，以最高溫烤5分鐘，再把烘焙紙取下，溫度調降為230℃，烘烤15分鐘完成。最後從烤箱取出，放在散熱架上冷卻。

Point

割紋刀的用法

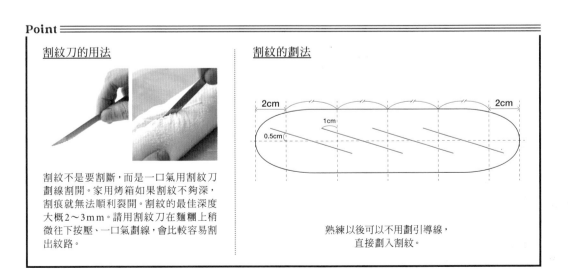

割紋不是要割斷，而是一口氣用割紋刀劃線割開。家用烤箱如果割紋不夠深，割痕就無法順利裂開。割紋的最佳深度大概2～3mm。請用割紋刀在麵糰上稍微往下按壓、一口氣劃線，會比較容易割出紋路。

割紋的劃法

2cm　　　　　　　　　　　　　　　2cm

1cm

0.5cm

熟練以後可以不用劃引導線，
直接劃入割紋。

長棍維也納甜酥麵包

外脆內潤的甜味長棍麵包，
特徵是有細密的割紋。

【材料】（26cm 2條份）

利斯朵中筋麵粉	190g
酵母	1.5g
砂糖	8g
鹽	3.4g
雞蛋	40g
牛奶	70g
奶油	40g

【作法】 ※先進行P.12〜13直接法的「揉麵」步驟**1〜7**、**11**，再以28℃〜30℃發酵60分鐘。

1. 分割成2個175g麵糰，從近身側寬鬆地向外折捲。轉90度後再捲一次成圓筒狀。將折疊收口處朝下，輕輕包上保鮮膜，放置15分鐘。

2. 用手掌按壓排氣，從近身側把麵糰折成三等分。

3. 從對側向內折疊1/3，沿著麵糰由右至左按壓邊緣。再從對側向內折疊1/3，並沿著麵糰由右至左按壓邊緣。

4. 從對側向內對折，並沿著麵糰由右至左收口邊緣。

5. 滾動延展成24cm，捏合兩端收口。

6. 迅速以5mm為間隔，劃入斜向的割紋，再放到麵糰發酵布上。剩下的麵團也以同樣方式施作。以35℃發酵45分鐘。把烤盤放進烤箱，以230℃預熱。

7. 用麵糰移動板把麵糰移到烘焙紙上。用毛刷塗上蛋液（材料外），再以210℃的烤箱烘烤15分鐘完成。

Arrange

長棍維也納
甜酥
巧克力麵包

【材料】
（26cm 2條份）
巧克力豆…25g
【作法】
在進行步驟**3〜4**時，分三次加入巧克力豆。

長棍蔓越莓核桃麵包

【材料】（28cm 2條份）
鷹牌高筋麵粉 140g
利斯朵中筋麵粉 100g
速發乾酵母 1.5g
鹽 4.5g
水 160g
麥芽 2g
蔓越莓 30g
核桃 40g

◎蔓越莓泡水10分鐘後瀝乾水分。核桃用160℃的烤箱烤10分鐘，再泡水10分鐘後瀝乾。

【作法】
先進行P.12〜13直接法的「揉麵」步驟**1〜6**、**8〜10**，之後的步驟和P.15的「長棍麵包」一樣。
※ 分割成2個240g麵糰。

長棍咖啡麵包

【材料】（28cm 2條份）
鷹牌高筋麵粉 100g
利斯朵中筋麵粉 110g
全麥麵粉 25g
即溶咖啡 10g
速發乾酵母 1.5g
鹽 4.5g
水 160g
杏仁 20g

◎ 杏仁用160℃的烤箱烤10分鐘，泡水10分鐘後，瀝乾水分再剁碎。

【作法】
先進行P.12〜13直接法的「揉麵」步驟**1〜6**、**8〜10**，之後的步驟和P.15的「長棍麵包」一樣。
※ 分割成2個215g麵糰。

法國蘑菇麵包

令人嚮往，想做一次看看的麵包。推薦挖空內部，加入燉菜享用。

令人嚮往，想做一次看看的麵包。推薦挖空內部，加入燉菜享用。

【材料】（5個份）

利斯朵中筋麵粉 ·························· 220g
速發乾酵母 ·····································2g
鹽 ··3.6g
水 ···150g

【作法】

※ 先進行P.12～13直接法的「揉麵」步驟**1～6**、**11**，再以28℃
　～30℃發酵50分鐘。

1. 分割成5個65g麵糰和5個10g麵糰。分別滾圓後，輕輕包上
　保鮮膜，擺放休息10分鐘（**a**）。

2. 確實滾圓大的麵糰。用擀麵棍把小麵糰擀平展開和大麵糰
　一樣大（**b**）。

3. 用毛刷沾水（材料外）塗在擀平的麵糰中心，再用指尖沾油
　（材料外）塗在麵糰的周圍。

4. 把收口處朝上的滾圓麵糰放在步驟**3**的上面，再放到麵糰
　發酵布上。以35℃發酵30分鐘（**c**）。把烤盤放進烤箱，以最
　高溫度預熱。

5. 從麵糰發酵布移到烘焙紙上。移到烘焙紙後，用沾了手粉
　的料理長筷在麵糰中心戳洞（**d**）。在烤箱添加蒸氣，以
　230℃烘烤15分鐘完成。

a　　　　　　b　　　　　　c　　　　　　d

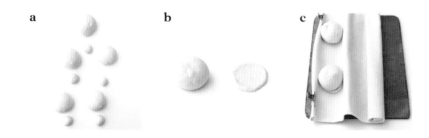
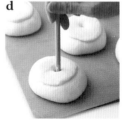

煙盒麵包

意思是「鼻煙壺」的麵包。

【材料】 （6個份）

利斯朵中筋麵粉 ……………… 220g
速發乾酵母 …………………… 2g
鹽 …………………………… 3.6g
水 …………………………… 150g

【作法】

※ 先進行P.12～13直接法的「揉麵」步驟 **1～6、11**，再以28℃
～30℃發酵50分鐘。

1. 分割成5個75g麵糰，並確實滾圓。輕輕包上保鮮膜，擺放休
息10分鐘。

2. 收口處朝下放置，用擀麵棍擀開麵糰的1/3，再把麵糰上下
翻面（**a**）。

3. 用毛刷沾水（材料外）塗在擀平的麵糰中心，再用指尖沾油
（材料外）塗在麵糰的周圍（**b**）。

4. 剝下擀平的麵糰，蓋在麵糰上面。把用來覆蓋的麵糰朝下，
放在麵糰發酵布上（**c**），以35℃發酵30分鐘。把烤盤放進
烤箱，以最高溫度預熱。

5. 把麵糰從麵糰發酵布移到烘焙紙上（**d**）。在烤箱添加蒸
氣，以230℃烘烤15分鐘完成。

a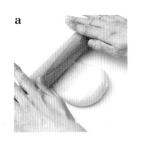
b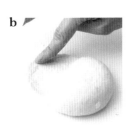
c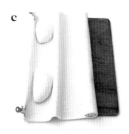
d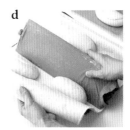

巧克力大理石麵包

可以選擇原味或巧克力麵糰的其中一種疊在上面，
或選擇從外側還是內側穿過麵糰，呈現不同的外觀。

各種麵包的作法

巧克力大理石麵包

【材料】（22cm 1個份）

鷹牌高筋麵粉　160g
速發乾酵母　3g
砂糖　20g
鹽　2.8g
雞蛋　15g
牛奶　110g
奶油　15g
可可粉（巧克力麵糰用）　6g

【作法】　※ 先進行P.12～13直接法的「揉麵」步驟1～7。

1. 分割成2個160g的麵糰，再把1個麵糰加入可可粉混合。分別滾圓後，以28℃～30℃發酵40分鐘。

2. 把每個麵糰擀開成15×30cm。2片麵糰重疊後切半。

3. 再次重疊2片麵糰。包上保鮮膜，放置10分鐘（4片麵糰重疊的狀態）。

4. 用擀麵棍擀開成直徑25cm的圓形。在中心留1cm，接著切成8等分。

5. 在每片麵糰的中心劃入切口。

6. 把麵糰穿進切口1～2次。

7. 把麵糰移到烘焙紙上，以35℃發酵30分鐘。以180℃預熱烤箱。

8. 以180℃烘烤10分鐘完成。

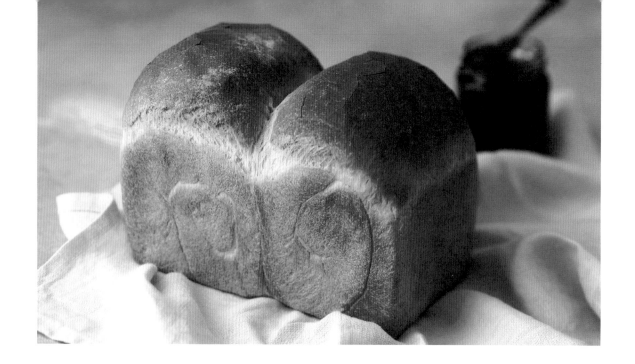

吐司

比起烘烤後一口氣膨起來的吐司，我更喜歡膨脹地恰到好處、口感溼潤的吐司。

【材料】
（9×18.5×9.5cm的吐司烤模1斤份）
鷹牌高筋麵粉·····················250g
速發乾酵母·····························5g
砂糖·································12g
鹽································4.5g
脫脂奶粉·····························10g
水·································190g
奶油·································25g

【預先準備】
◎在吐司烤模塗上奶油（材料外）。

【作法】
※ 先進行P.12～13直接法的「揉麵」步驟**1～7**、**11**，再以28℃
～30℃發酵40分鐘。

1. 等麵糰發酵成2倍大後排氣，分割成2個248g圓筒狀麵糰。
包上保鮮膜，擺放休息10分鐘。

2. 把折疊收口處朝上，用擀麵棍擀開成18×12㎝。

3. 把兩端朝中心折疊，再輕壓接合處（**a**）。

4. 從對側朝近身側捲麵糰，每次捲的時候把麵糰拉開（**b**）。

5. 收合折疊收口處，再把收口處朝下放進烤模（**c**）。以35℃發
酵60分鐘。以190℃預熱烤箱。

6. 麵糰發酵到烤模的高度後（**d**），在烤箱添加蒸氣，以190℃
烘烤25分鐘完成。

a **b** **c** **d**

葡萄乾吐司

不管從哪裡切都有葡萄乾，
讓葡萄乾愛好者無法抵抗的吐司。

【材料】（9×18.5×9.5cm的吐司烤模1斤份）
※ 同P.24「吐司」＋以下材料
葡萄乾⋯⋯⋯⋯⋯⋯⋯⋯⋯⋯⋯⋯⋯80g

【預先準備】
◎ 葡萄乾泡水10分鐘，瀝乾水分備用。
◎ 在吐司烤模塗上奶油（材料外）。

【作法】
※ 先進行P.12～13直接法的「揉麵」步驟**1～7**、
　11，再以28℃～30℃發酵40分鐘。
1. 等麵糰發酵成2倍大後排氣，再製成圓筒狀麵
　糰。包上保鮮膜，擺放休息10分鐘。
2. 把折疊收口處朝上，用擀麵棍擀開成30×17
　cm，撒上葡萄乾。
3. 從近身側向外捲，收合折疊收口處。收口處朝
　下放進烤模，以35℃發酵60分鐘。以190℃預
　熱烤箱。
4. 麵糰發酵到烤模的高度後，在烤箱添加蒸
　氣，以190℃烘烤25分鐘完成。

綜合果乾堅果吐司

添加數種果乾和堅果的豪華吐司。

【材料】（9×18.5×9.5cm的吐司烤模1斤份）
※ 同P.24「吐司」＋以下材料
蘇丹娜葡萄乾⋯⋯⋯⋯⋯⋯⋯⋯⋯⋯20g
櫻桃乾⋯⋯⋯⋯⋯⋯⋯⋯⋯⋯⋯⋯⋯10g
綠葡萄乾⋯⋯⋯⋯⋯⋯⋯⋯⋯⋯⋯⋯20g
橙皮⋯⋯⋯⋯⋯⋯⋯⋯⋯⋯⋯⋯⋯⋯15g
杏仁⋯⋯⋯⋯⋯⋯⋯⋯⋯⋯⋯⋯⋯⋯15g

【預先準備】
◎ 把蘇丹娜葡萄乾、櫻桃乾、綠葡萄乾泡水10
　分鐘，瀝乾水分備用。
　用160℃的烤箱烤杏仁10分鐘，再泡水10分
　鐘，瀝乾水分備用。
◎ 在吐司烤模塗上奶油（材料外）。

【作法】
※ 先進行P.12～13直接法的「揉麵」步驟**1～**
　11，再以28℃～30℃發酵40分鐘。
1. 等麵糰發酵成2倍大後排氣，分割成2個288g
　麵糰並滾圓。包上保鮮膜，擺放休息10分鐘。
2. 排氣後用雙手包住麵糰，並畫圓滾動，確實
　滾圓。
3. 收口處朝下放進烤模，以35℃發酵60分鐘。
　以190℃預熱烤箱。
4. 麵糰發酵到烤模的高度後，在烤箱添加蒸
　氣，以190℃烘烤25分鐘完成。

‖ 水合法

水合法指的是混合粉和部分水分，放置30～60分鐘。時間一久，水就會確實滲透到粉中，即使不用揉麵也能形成麵筋。因此加入剩下的材料後，有縮短揉麵時間的好處。剛混合後的麵糰容易切開，但時間一久，麵糰就能夠延展。在加入剩下的材料之前，可以先摸摸看麵糰。相反的如果揉麵太久，就會揉麵過度，因此請溫柔地在短時間內揉麵。順帶一提，我最喜歡用水合法做出來的長棍麵包。

【材料】

● 水合麵糰

| 利斯朵中筋麵粉 | 180g |
| 水 | 180g |

● 主麵糰

利斯朵中筋麵粉	80g
速發乾酵母	1g
鹽	4.6g
水合麵糰	全部

【作法】

◎水合麵糰

1. 把水合麵糰用的利斯朵中筋麵粉和水拌合，放置室溫60分鐘。

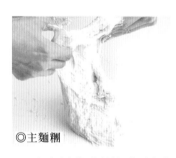

◎主麵糰

2. 混合主麵糰的材料。雙手拿著麵糰，朝檯面甩打再對折。

3. 轉90度橫向拿著麵糰，以同樣方式甩打對折。重複此動作直到麵糰的表面變光滑，形成有彈性的麵筋。

4. 試著甩動拉開麵糰，如果有彈性不會立刻破裂，就是揉麵完成了。滾圓麵糰，放在室溫中30分鐘。

5. 左右拉開麵糰直到快斷裂，並折成三折，再轉90度後，以同樣方式折三折（排氣）。

6. 在室溫中發酵30分鐘。請參照P.15～17製作長棍麵包。請參照P.116製作圓球麵包。

‖ 波蘭種法

波蘭種法是起源於波蘭的作法。把酵母（本書使用的是速發乾酵母）加入部分的粉和相同份量的水分中，拌合後放置一段時間。特徵是酵母的效用佳，烘焙完成後的麵包很有份量。

【材料】

● 波蘭種麵糰

利斯朵中筋麵粉	70g
速發乾酵母	2g
水	70g

● 主麵糰

利斯朵中筋麵粉	170g
鹽	4.3g
波蘭種麵糰	全部
水	85g

【作法】

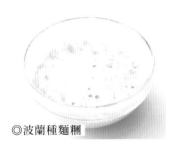

◎波蘭種麵糰

1. 把波蘭種麵糰用的材料充分拌合，放在室溫中60分鐘。

◎主麵糰

2. 充分混合主麵糰的材料。

3. 雙手拿著麵糰，朝檯面甩打再對折。

4. 轉90度橫向拿著麵糰，以同樣方式甩打對折。重複此動作直到麵糰的表面變光滑，形成有彈性的麵筋。

5. 試著甩動拉開麵糰，如果有彈性不會立刻破裂，就是揉麵完成了。

6. 滾圓麵糰，放在室溫30分鐘。請參照P.15～17製作長棍麵包、參照P.116製作圓球麵包。

長棍番茄起司麵包

宛如披薩的長棍麵包。整形時也可以劃入4條割紋。

【材料】（26㎝ 2條份）

● 水合麵糰
　利斯朵中筋麵粉⋯⋯⋯⋯40g
　水⋯⋯⋯⋯⋯⋯⋯⋯⋯30g

● 主麵糰
　利斯朵中筋麵粉⋯⋯⋯⋯200g
　速發乾酵母⋯⋯⋯⋯⋯1.5g
　鹽⋯⋯⋯⋯⋯⋯⋯⋯⋯4.3g
　番茄汁（無鹽）⋯⋯⋯⋯160g
　水合麵糰⋯⋯⋯⋯⋯⋯全部

披薩用起司⋯⋯⋯⋯⋯⋯適量
玉米⋯⋯⋯⋯⋯⋯⋯⋯⋯適量
番茄醬⋯⋯⋯⋯⋯⋯⋯⋯適量

【作法】

※ 先進行P.26「水合法」的步驟**1～6**。

1. 分割成2個215g麵糰，再製成圓筒狀後，放置15分鐘（**a**）。

2. 以P.15-**4**～P.17-**15**的相同作法製作（**b·c**）。

3. 劃入1條割紋，放上玉米和披薩用起司，並且擠上番茄醬（**d**）。

4. 在烤箱添加蒸氣，以最高溫度烘烤5分鐘，再以230℃烘烤10分鐘完成。

a

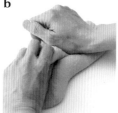

b

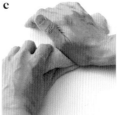

c

d

吐司

感受一下和一般吐司的細微差異吧。

【材料】

（9×18.5×9.5cm的吐司烤模1斤份）

● 波蘭種麵糰

鷹牌高筋麵粉	200g
速發乾酵母	1g
水	200g

● 主麵糰

鷹牌高筋麵粉	50g
速發乾酵母	1g
砂糖	15g
鹽	4.5g
波蘭種麵糰	全部

【預先準備】

◎ 在吐司烤模塗上奶油（材料外）。

【作法】

1. 把波蘭種麵糰的材料放進調理盆，用打蛋器確實拌合，放在室溫中4小時。
2. 加進所有材料，混合後從調理盆取出。在檯面上反覆摩擦，來回推壓麵糰。
3. 麵糰變成一團後，用雙手拿麵糰甩打。
4. 甩打直到麵糰變光滑，形成有彈性的麵筋。以28℃～30℃發酵1小時（**a**）。
5. 等麵糰發酵成1.8倍大後，分割成2個235g麵糰（**b**）。
6. 用雙手包住麵糰並滾動，確實滾圓（**c**）。
7. 放進烤模（**d**），以35℃發酵50～60分鐘。把烤盤放進烤箱，以240℃預熱。
8. 麵糰發酵到烤模的高度後，在烤箱添加蒸氣，以220℃烘烤25分鐘完成。

a

b

c

d

‖ 關於發酵麵糰

使用預先發酵的麵糰製作時,這個麵糰就稱為「發酵麵糰」。現在的發酵麵糰雖然是為此特地製作使用,但其實原來用的是加了酵母的長棍麵包麵糰等殘料。如果想要帶出麵包的風味或鮮味,或者想要添加一些酸味,可以使用經久發酵的麵糰。此外,如果要用來代替促進發酵或難以計量的微量酵母時,使用新的發酵麵糰很方便。

剩餘的發酵麵糰也適合用來製作長棍麵包或小麵包。另外,發酵麵糰經過一段時間,就會喪失麵筋而變得容易延展,形成鮮味。也很推薦做成薄片披薩。

【材料】

利斯朵中筋麵粉	200g
速發乾酵母	1g
鹽	4g
水	130g

【作法】

1. 混合材料,在檯面上摩擦揉麵。

2. 待麵糰可以稍微延展就滾圓。以28℃～30℃發酵60分鐘。

3. 左右拉開麵糰直到快斷裂,並折成三折,再轉90度後,以同樣方式折三折(排氣)。

4. 以28℃～30℃發酵60分鐘。放進冰箱冷藏保存,2～3天內用完。

◎如果有剩下的發酵麵糰

【長棍麵包的作法】

1. 分割成1個120～130g的麵糰。

2. 從近身側寬鬆地折捲，把折疊收口處朝上，再折捲一次（成圓筒狀）。擺放休息15分鐘。
   把烤盤放進烤箱，以最高溫度預熱。

3. 把邊角朝向正面，用手掌輕輕壓平。

4. 把麵糰從對側往近身側折疊。

5. 把拇指放在重疊的麵糰邊端，接著往對側用力按壓。

6. 從對側向內對折，並且沿著麵糰由右至左收口邊緣。

7. 用雙手滾動兩側變細，直到變成20㎝。

8. 收口處朝下，放在麵糰發酵布上，以35℃發酵30分鐘。把烤盤放進烤箱，以最高溫度預熱。

9. 把麵糰從麵糰發酵布移到烘焙紙上。撒上手粉，劃入1條割紋。

10. 在烤箱添加蒸氣，以最高溫度烘烤5分鐘，再降溫以230℃烘烤8分鐘完成。

【小麵包的作法】

1. 分割成1個40～60g的麵糰。

2. 確實滾圓，把收口處朝下，放在麵糰發酵布或烘焙紙上。

3. 以35℃發酵30分鐘。把烤盤放進烤箱，以最高溫度預熱。

4. 若使用麵糰發酵布，把麵糰移到烘焙紙上。撒上手粉，劃入割紋。

5. 在烤箱添加蒸氣，以最高溫度烘烤5分鐘，再降溫以230℃烘烤4分鐘完成。

速發乾酵母

我認為速發乾酵母是很棒的酵母。雖然有人說，用速發乾酵母做麵包會有酵母味，還會迅速硬化，但這些現象並非酵母造成的，真正的原因是揉麵不足、發酵不足。特別是揉麵的時候，請確認是否確實形成麵筋。因為做麵包通常憑感覺來辨別，或許一開始很難判斷正確。但是請放心，只要多製作幾次，就會漸漸抓到感覺了。

瑪格麗特麵包

討人喜愛的瑪格麗特形狀麵包。
用整形後的長棍麵包麵糰，做出大大一朵綻放的花吧。

瑪格麗特麵包

【材料】 （25㎝ 1個份）

利斯朵中筋麵粉 ……………………… 200g
粗粒玉米粉 ……………………………… 50g
發酵麵糰 ………………………………… 40g
速發乾酵母 …………………………… 2.5g
鹽 ………………………………………… 4.5g
水 ………………………………………… 150g
黑芝麻 ………………………………… 適量

【作法】 ※先進行P.12～13直接法的「揉麵」步驟 **1**～**6**、**11**，再以28℃～30℃發酵30分鐘。

1. 分割成6個60g麵糰，以及剩下的麵糰（87g）。從近身側寬鬆地折捲，轉90度後，再折捲一次（成圓筒狀）。將折疊收口處朝下，包上保鮮膜，放置15分鐘。

2. 把87g的麵糰放在工作台上，用手掌排氣，從近身側向外折三折。

3. 從對側向內折疊1/3，沿著麵糰由右至左按壓邊緣。再次從對側向內折疊1/3，並由右至左按壓邊緣。

4. 從對側向內對折，並沿著麵糰由右至左收口邊緣。

5. 滾動延展成26㎝。收口處朝下轉一圈捲起來，用噴霧器噴水，黏上黑芝麻。

6. 剩下的材料也同樣進行步驟2～4，對折後放在步驟5的麵糰周圍。

7. 以35℃發酵30分鐘。烤盤放進烤箱，以最高溫度預熱。

8. 在周圍的麵糰撒上手粉，各劃入1條割紋。在烤箱添加蒸氣，以240℃烘烤20分鐘完成。

抹茶卡士達捲

添加抹茶的卡士達醬，
打造出一種獨特的美味。

【材料】（6個份）

鷹牌高筋麵粉 ⋯⋯⋯⋯⋯⋯ 180g
發酵麵糰 ⋯⋯⋯⋯⋯⋯⋯⋯ 30g
速發乾酵母 ⋯⋯⋯⋯⋯⋯⋯ 1.5g
砂糖 ⋯⋯⋯⋯⋯⋯⋯⋯⋯⋯⋯ 15g
鹽 ⋯⋯⋯⋯⋯⋯⋯⋯⋯⋯⋯⋯ 3.2g
脫脂奶粉 ⋯⋯⋯⋯⋯⋯⋯⋯⋯ 6g
雞蛋 ⋯⋯⋯⋯⋯⋯⋯⋯⋯⋯⋯ 30g
水 ⋯⋯⋯⋯⋯⋯⋯⋯⋯⋯⋯⋯ 90g
奶油 ⋯⋯⋯⋯⋯⋯⋯⋯⋯⋯⋯ 30g
● 抹茶卡士達醬
　蛋黃 ⋯⋯⋯⋯⋯⋯⋯⋯⋯⋯ 1顆
　砂糖 ⋯⋯⋯⋯⋯⋯⋯⋯⋯⋯ 20g
　玉米粉 ⋯⋯⋯⋯⋯⋯⋯⋯⋯ 6g ⎫
　抹茶粉 ⋯⋯⋯⋯⋯⋯⋯⋯⋯ 4g ⎭※
　牛奶 ⋯⋯⋯⋯⋯⋯⋯⋯⋯ 100g

【預先準備】

◎製作抹茶的卡士達（請參照P.131）。

※過篩拌合玉米粉和抹茶粉。

【作法】

※ 先進行P.12～13直接法的「揉麵」步驟 **1～6**、**11**，再以 28℃～30℃發酵60分鐘。

1. 把折疊收口處放在工作台上，用擀麵棍擀開成20×30㎝。

2. 在對側留1㎝，其他地方塗上卡士達醬。

3. 從近身側向外捲，收合折疊收口處。麵糰分割成6等分，分割的面朝上，放在鋁杯（8號）上，以35℃發酵30分鐘。以190℃預熱烤箱。

4. 塗上蛋液（材料外），以180℃的烤箱烘烤13分鐘完成。

巧克力捲

淋上糖霜也很好吃。

【材料】（6個份）

鷹牌高筋麵粉 ⋯⋯ 180g	脫脂奶粉 ⋯⋯⋯⋯ 6g
可可粉 ⋯⋯⋯⋯⋯⋯ 6g	雞蛋 ⋯⋯⋯⋯⋯⋯ 30g
發酵麵糰 ⋯⋯⋯⋯ 30g	水 ⋯⋯⋯⋯⋯⋯⋯ 90g
速發乾酵母 ⋯⋯⋯ 1.5g	奶油 ⋯⋯⋯⋯⋯⋯ 30g
砂糖 ⋯⋯⋯⋯⋯⋯ 15g	美國山核桃 ⋯⋯⋯ 30g
鹽 ⋯⋯⋯⋯⋯⋯⋯ 3.2g	巧克力豆 ⋯⋯⋯⋯ 40g

【預先準備】

◎ 用160℃的烤箱烤美國山核桃10分鐘。泡水後瀝乾水分，再剖半。

【作法】

※ 和「抹茶卡士達捲」的作法一樣。
在步驟 **2** 撒上美國山核桃和巧克力豆。

香蕉杏仁奶油捲

麵糰的邊緣也確實塗滿香蕉杏仁奶油醬。
吃到麵包邊緣的人也會很享受。

【材料】 （6個份）

鷹牌高筋麵粉	180g
發酵麵糰	30g
速發乾酵母	1.5g
砂糖	15g
鹽	3.2g
脫脂奶粉	6g
雞蛋	30g
水	90g
奶油	30g

● 香蕉杏仁奶油醬

奶油	30g
糖粉	25g
雞蛋	30g
低筋麵粉	5g
杏仁粉	30g
香蕉	1/2根
杏仁片	適量

【預先準備】

◎ 製作香蕉杏仁奶油醬。

1. 用叉子的背面把香蕉壓成糊狀。
2. 把放在室溫回溫後的奶油加入調理盆，再用打蛋器輕柔攪拌。
3. 加入糖粉，研磨拌合至變白為止。
4. 分成2～3次加入蛋液，每次加入都要確實混合。
5. 加入低筋麵粉和杏仁粉，用橡皮刮刀切拌混合。
6. 加入步驟1混合後，放在冰箱休息，直到即將使用之前。

【作法】

※ 和「抹茶卡士達捲」的作法一樣。
在步驟2塗上香蕉杏仁奶油醬。
在步驟4塗上蛋液（材料外），再撒上杏仁片。

Column

阿伯的培根麥穗麵包

有一對阿伯夫妻常來我的教室上課，已經將近十年了。

阿伯不太會聽說明就逕行製作，一開始要烤好麵包是很困難的事（如果阿伯看到這篇文，應該會很驚訝吧（笑））。他很喜歡培根麥穗麵包，每次上課都一定會做，製作的次數應該有40次以上。因為做了很多次，和他一開始做出來的麥穗麵包相比，現在的完成品簡直判若兩麵包，已經能做出鮮明的穗尖，烤出很棒的麥穗麵包。他是在我教室上課的學生裡，製作麥穗麵包的最佳前五名。透過反覆製作同樣的東西，可以進步得更快。如果你也有喜歡的麵包，也請試著反覆練習吧！

波爾多皇冠麵包

只要中心的褶邊立起就算大成功！！

【材料】（25㎝ 1個份）

利斯朵中筋麵粉	220g
裸麥粉	30g
全麥麵粉	20g
發酵麵糰	130g
速發乾酵母	2g
鹽	4.8g
水	175g

【作法】 ※ 先進行P.12～13直接法的「揉麵」步驟**1**～**6**、**11**，再以28℃～30℃發酵60分鐘。

1. 分割成8個60g麵糰和1個100g麵糰，再分別滾圓。包上保鮮膜，放置15分鐘。

2. 在麵糰發酵布過篩撒上利斯朵中筋麵粉或裸麥粉。

3. 用擀麵棍把100g的麵糰擀成19㎝的圓形，放在步驟**2**上。

4. 用刮板在麵糰中心劃入8等分的切口。

5. 在外側塗油（材料外）。

6. 把60g的麵糰收緊滾圓，收口處朝上，凸出排列放在距離外側不到1cm的地方。

7. 從滾圓後的麵糰內側向上塗水（材料外）。

8. 稍微用力拉扯劃了切口的麵糰，往圓球麵糰的中心拉過來貼上。

9. 以35℃發酵35分鐘。把烤盤放進烤箱，以最高溫度預熱。

10. 用烘焙紙和木板夾住麵糰，翻面移動避免壓壞麵糰。

11. 在烤箱添加蒸氣，以230℃烘烤25分鐘完成。

榛果捲

最後會形成一條棒狀，因此不要過度扭轉麵糰。

【材料】（6個份）

鷹牌高筋麵粉	110g
全麥麵粉	20g
榛果粉	10g
發酵麵糰	20g
速發乾酵母	3g
砂糖	10g
鹽	2.5g
牛奶	100g
奶油	20g
能多益榛果可可醬	80g
榛果	20g

【預先準備】

◎ 用160℃的烤箱烤榛果8分鐘。裝進袋子，用擀麵棍搗碎。

【作法】

※ 先進行P.12～13直接法的「揉麵」步驟**1～7**、**11**，再以28℃～30℃發酵40分鐘。

1. 用擀麵棍擀開成40×25㎝，在下半部塗上能多益榛果可可醬，再撒上榛果（**a**）。

2. 蓋上麵皮，輕輕用擀麵棍弄平整，再用刮板分切成6條（**b**）。

3. 朝對側扭轉麵皮，從中心向左逆時針轉一圈（**c**）。把折疊收口處收進一個近身側麵皮的下方，再放到鋁杯（8號）上（**d**）。以35℃發酵30分鐘。以180℃預熱烤箱。

4. 以180℃的烤箱烘烤10分鐘完成。

a

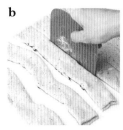
b

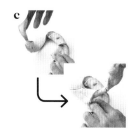
c

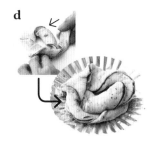
d

燕麥麵包

富含礦物質的高營養麵包。

【材料】（20㎝ 2條份）

利斯朵中筋麵粉	200g
燕麥	35g
熱開水	40g
發酵麵糰	40g
速發乾酵母	1g
鹽	4.1g
水	150g

【預先準備】

◎ 把燕麥混合熱開水，放置1小時備用。

【作法】

※ 先進行P.12～13直接法的「揉麵」步驟**1～6**、**11**，再以28℃～30℃發酵60分鐘。

1. 分割成2個235g麵糰，從近身側寬鬆地向外折捲。
2. 把折疊收口處朝上，輕輕用手按壓，把頂部折成三角形（**a**）。
3. 從對側向內折一半，在麵糰的邊端用拇指往對側用力按壓（**b**）。
4. 從對側向內對折，並沿著麵糰由右至左收口邊緣。
5. 用噴霧器噴水，沾上燕麥（材料外）（**c**）。
6. 放在麵糰發酵布上，以35℃發酵30分鐘。把烤盤放進烤箱，以最高溫度預熱。
7. 把麵糰移到烘焙紙上，劃入1條割紋（**d**），蓋上烘焙紙。在烤箱添加蒸氣，以250℃烤5分鐘，再把烘焙紙取下，以220℃烘烤15分鐘完成。

a 　b 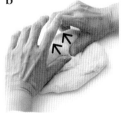　c 　d

‖ 少量酵母

相對麵粉的量，使用微量的酵母，讓麵糰緩慢發酵。

‖ 多加水

相對麵粉的量，水分含量較高的麵糰。本書講述的多加水揉麵，也有不用甩打或滾動的。藉由混合麵粉和水形成麵筋，透過延展麵糰，製作出又長又強韌的麵筋。

‖ 低溫長時間發酵

透過長時間發酵讓水分滲透到麵粉的中心，烤出增添鮮味的麵包。此外，從揉麵到整形需要一段時間，因此不需要預留一段很長的時間，對忙碌的人來說也是非常適合的作法。

各種麵包的作法

多加水的揉麵

【材料】

利斯朵中筋麵粉	250g
速發乾酵母	0.2g
鹽	4.5g
水	145g
礦翠Contrex天然礦泉水	30g
麥芽	2g

Point

多加水麵糰進行整型時，請使用較多的手粉。

【作法】

1. 在保鮮盒加水,再添加預先拌好的粉類。

2. 用橡皮刮刀確實攪拌,直到沒有粉粒。

3. 粉粒消除之後,用橡皮刮刀勾起麵糰,緩慢地舉起刮刀延展麵糰。

4. 在快要斷裂前對折放下麵糰。

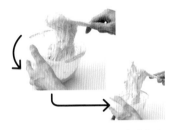

5. 旋轉保鮮盒,以同樣方式勾起麵糰延展,重複指定次數。

6. 在室溫中放置指定的時間。

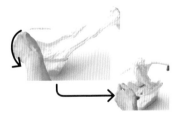

7. 延展放下麵糰,重複指定的次數(排氣)。

8. 在室溫中放置指定的時間。

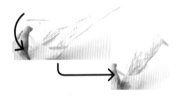

9. 延展放下麵糰,重複指定的次數(排氣)。

10. 在室溫下發酵至比最終膨脹率(揉麵後1次發酵完成為止的麵糰膨脹比率)略小一些。

11. 放進冰箱冷藏,在室溫與冰箱中的合計發酵時間為17~24小時,直至變成最終膨脹率。

Point

根據製作的麵包不同排氣的次數也不同

麵糰延展的次數與排氣的次數,會根據製作的麵包而不同。此外,若要添加配料,要進行2次步驟**3~4**之後再加入配料,重複步驟**3~4**直到配料混合至一定程度。

鄉村麵包

意思是「鄉村」的麵包。可以品嘗麵包的純樸滋味。

鄉村麵包 少量酵母 多加水 低溫長時間發酵

【材料】（23cm 1個份）

利斯朵中筋麵粉 ……………………120g
全麥麵粉 ……………………………40g
裸麥粉 ………………………………40g
速發乾酵母 …………………………0.2g
鹽 ……………………………………3.6g
麥芽 …………………………………1g
水 ……………………………………120g
礦翠Contrex天然礦泉水 ……………30g

【預先準備】

◎ 在15cm的調理盆鋪上抹布，撒上大量手粉。

【作法】

1. 在保鮮盒放入材料，用橡皮刮刀攪拌到沒有粉粒。旋轉保鮮盒並延展麵糰7～8次（請參照P.41）。
2. 放在室溫中20分鐘。
3. 延展麵糰7～8次，放置20分鐘（第1次的排氣）。
4. 重複步驟3（第2次的排氣）。
5. 延展麵糰8次（第3次的排氣），放在室溫中直到變成1.8倍大，再放入冰箱冷藏。在室溫與冰箱中，合計放置17～24小時。

6. 把收口處朝上放在工作台上（請參照P.55-6），用指尖輕輕壓平。

7. 用左手拇指放在中心，輕壓折疊正面的麵糰。

8. 逆時針旋轉麵糰，重複輕壓折疊麵糰的動作。

9. 做完一圈後，確實收合聚集在中心的麵糰。

10. 收口處朝上，輕輕地放在鋪了抹布的調理盆上，以35℃發酵75分鐘。把烤盤放進烤箱，以最高溫度預熱。

11. 在調理盆的上面，放上烘焙紙和木板再翻面。劃入割紋，蓋上烘焙紙。在烤箱添加蒸氣，以最高溫烤5分鐘，再把烘焙紙取下，以230℃烘烤20分鐘完成。

鄉村水果麵包 〔少量酵母〕〔低溫長時間發酵〕

割紋裂得太開就會烤焦配料，所以要劃入較多的細割紋。

【材料】（23cm 1個份）

利斯朵中筋麵粉 ·············140g

裸麥粉 ·············30g

全麥麵粉 ·············30g

速發乾酵母 ·············0.2g

鹽 ·············3.6g

水 ·············135g

葡萄乾 ·············30g

綠葡萄乾 ·············10g

蔓越莓乾 ·············20g

橙皮 ·············20g

【預先準備】

◎ 葡萄乾、綠葡萄乾、蔓越莓乾泡水10分鐘後瀝乾水分。

◎ 在15cm的調理盆蓋上抹布，過篩撒上手粉。

【作法】

※ 先進行P.12～13直接法的「揉麵」步驟**1～6**、**8～11**，再於室溫中發酵10小時。

※ 室溫在24℃以上時，放置5小時，之後放進冰箱冷藏。

之後的步驟和P.43「鄉村麵包」的步驟**6～11**一樣。

法式小麵包 少量酵母 多加水 低溫長時間發酵

注意麵糰放置的方向。

【材料】（13cm 4個份）

利斯朵中筋麵粉	200g
裸麥粉	15g
全麥麵粉	35g
速發乾酵母	0.2g
鹽	4.5g
水	150g
礦翠Contrex天然礦泉水	40g

【作法】

1. 在保鮮盒放入材料，用橡皮刮刀攪拌到沒有粉粒。旋轉保鮮盒，延展麵糰4次（請參照P.41）。放在室溫中20分鐘。

2. 用橡皮刮刀延展麵糰4次，放在室溫中20分鐘（第1次的排氣）。

3. 重複同樣做法2次（第2、3次的排氣）。

4. 放在室溫中直到變成1.8倍大，再放入冰箱冷藏。在室溫與冰箱中，合計放置17～24小時，直到變成最終膨脹率2倍。

5. 取出麵糰（請參照P.55-**6**），分割成4個110g麵糰。

6. 從麵糰的對側向內折1/3，把拇指放在麵糰的邊緣，用力往對側按壓（**a**）。

7. 從對側向內對折，並沿著麵糰由右至左收口邊緣（**b**）。

8. 輕輕滾動收口兩端。放在麵糰發酵布上（請參照P.16-**13**）（**c**），以35℃發酵40分鐘。烤盤放進烤箱，以最高溫度預熱。

9. 移到烘焙紙上（請參照P.16-**15**），劃入割紋（**d**），蓋上烘焙紙。在烤箱添加蒸氣，以最高溫烤5分鐘，再把烘焙紙取下，以230℃烘烤7分鐘完成。

a b

c d

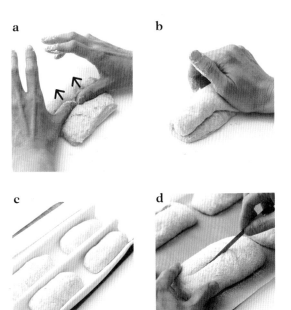

巴塔麵包

希望麵包啪一下裂開紋路時，
就用直接法的長棍麵包整形方法製作。

巴塔麵包 少量酵母

【材料】 （23cm 2條份）

利斯朵中筋麵粉	200g
酵母	0.2g
鹽	3.6g
水	130g

【作法】 ※ 先進行P.12～13直接法的「揉麵」步驟**1～6**、**11**，再於室溫中發酵2小時。

1. 分割成2個165g麵糰，從近身側寬鬆地向外折捲。轉90度後，再次寬鬆地折捲成圓筒狀。包上保鮮膜，放置20分鐘。

2. 用手掌按壓，確實排氣。

3. 從近身側向外折疊1/3麵糰，再用手掌確實按壓。

4. 從對側拿起麵糰，折疊時稍微重疊，再用手掌確實按壓。

5. 從對側向內對折，並沿著麵糰由右至左收口邊緣。

6. 滾動延展成22～23cm，捏合兩端收口。

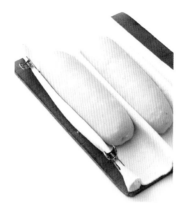

7. 收口處朝下排放在麵糰發酵布上（整形後位在近身側的部分務必放在有夾子的那一側），以35℃發酵35分鐘。把烤盤放進烤箱，以最高溫度預熱。

8. 有夾子的那邊放在左側，放在麵糰移動板，移到烘焙紙上。

9. 把左側朝自己的方向過篩撒上手粉（完成整形的狀態與麵糰在相同的位置）。

10. 劃入3條割紋。蓋上烘焙紙。

11. 在烤箱添加蒸氣，以最高溫烤5分鐘，再把烘焙紙取下，以230℃烘烤10分鐘完成。

洛代夫麵包

我記得第一次品嘗洛代夫麵包時，
好吃到忍不住發抖。

洛代夫麵包 [少量酵母] [多加水]

【材料】（25cm 1個份）

利斯朵中筋麵粉	160g
速發乾酵母	0.2g
鹽	3.6g
麥芽	1g
水	120g
礦翠Contrex天然礦泉水	10g

● 加水法用
　礦翠Contrex天然礦泉水 ··········· 20g

【作法】

各種麵包的作法

1. 在調理盆（18cm）加水，再添加預先拌好的粉類。

2. 用橡皮刮刀確實攪拌到沒有粉粒。

3. 粉粒消除之後，用橡皮刮刀勾起麵糰，緩慢地舉起刮刀，延展麵糰。

4. 在快要斷裂以前，對折放下麵糰。

5. 旋轉調理盆，重複同樣做法5～6次勾起麵糰延展。

6. 重複延展放下麵糰，並一點一點地添加礦翠Contrex天然礦泉水（20g）（加水法·第1次的排氣）。包上保鮮膜，在室溫中放置20分鐘。

7. 改變延展放下麵糰的地方，並重複5～6次（第2次的排氣）。放在室溫中20分鐘。

8. 改變延展放下麵糰的地方，重複5～6次（第3次排氣）。

9. 室溫放置2小時。

10. 發酵至2倍大。

11. 在調理盆（15cm）蓋上抹布，用濾茶器過篩撒上大量手粉。

12. 在麵糰撒上大量手粉，用刮板插入麵糰和調理盆之間，做出約2cm的縫隙。

13. 倒扣調理盆，等待麵糰自然落下。

14. 把對側的麵糰朝中心拿過來。

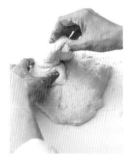

15. 逆時針旋轉麵糰，重複把正面的麵糰拿過來中心。

16. 做一圈以後，確實捏緊集中到中心的麵糰，把收口處朝上，輕輕放在抹布上。

17. 在麵糰的周圍過篩撒上手粉，以35℃發酵50分鐘。把烤盤放進烤箱，以最高溫度預熱。

18. 把麵糰移到烘焙紙上，用烘焙紙蓋在麵糰上。在烤箱添加蒸氣，以最高溫烤5分鐘，再把烘焙紙取下，以240℃烘烤20分鐘完成。

Point

如果抹布和麵糰相黏

請用刮板輕輕地把麵糰剝下。如果麵糰有損傷，請在損傷的地方撒上手粉。等黏在抹布的麵糰完全乾燥後，會比較容易取下。

葡萄乾酵母

自製酵母可分為從麵粉養酵母，以及利用水果或香料植物等養酵母。這邊介紹的是，初學者也容易學會製作處理的葡萄乾酵母。葡萄乾酵母由附著在葡萄乾上的酵母產生，不僅有發酵的作用，也可以為麵包增添甜味。葡萄乾酵母發酵的能力比酵母弱，待完成後，會根據經過的天數使發酵力不同。本書為了發酵穩定，也會併用速發乾酵母，但其實也可以單用葡萄乾酵母製作麵包。

各種麵包的作法

‖ 葡萄乾酵母的作法

【材料】

葡萄乾	100g
（烘焙用・無油・開封後未久置的）	
精製白砂糖	25g（可用上白糖、蔗砂糖*）
溫水	200g（約32℃的自來水）
麥芽	2g（如果有的話）
瓶子	直徑7.5×高度13cm

＊譯註：類似台灣的二砂。

【作法】

1. 瓶子放在滾水中煮至沸騰。

2. 把精製白砂糖和溫水裝入瓶中，確實拌合。

3. 加入葡萄乾拌合。

4. 放在溫暖的地方，早晚各攪拌一次直到完成，每次攪拌時打開蓋子。

5. 等葡萄乾完全浮起來，攪拌後鬆開蓋子的時候，若出現「噗咻」、「砰」的聲音，並有氣泡上升就算完成了。放在冰箱冷藏保存。

Point

別太用力關緊蓋子，一定要使用自來水

在氣泡上升的狀態下，要是把蓋子完全打開，酵母就會流出。請等氣泡消退後再開蓋。此外，如果蓋子關太緊，就會打不開，或者可能造成瓶子破裂，因此請注意別關太緊。使用過濾水可能會導致腐壞變質，無法養出酵母，因此請務必使用自來水。

續養酵種的方法

在養葡萄乾酵母的時候，加一點之前做好的酵母（原種），
會比較容易培養酵母。

【材料】
※ 同P.52＋以下
原種 …… 1小匙或4～5粒葡萄乾

【作法】
※ 和葡萄乾酵母的作法一樣（加入葡萄乾後，再添加
　原種）

Point

將之前做好的酵母放冰箱冷藏保存

即使有段時間不打算做葡萄乾酵母，也要把之前做好
的1大匙酵母和約10粒的葡萄乾，用小保鮮盒或塑膠
袋裝起來，放進冰箱冷藏保存備用。兩個月內都可以
當作前種使用。

如何使用葡萄乾酵母

使用時確實混合後再秤重。因為葡萄乾中富含優質酵
母，請用力擠壓後使用。在完成後立刻擠壓，或是在
水份消失後擠壓都可以。

此外，完成後立刻使用的酵母，和經過兩星期的酵
母效力不同。時間過越久，酵母的效力越弱。酵母的
效力大概維持一個月。即使酵母失去效力，也不須扔
掉，可以把1～2成的釀製水替換成葡萄乾酵母，為麵
包增添鮮味。

擠壓後的渣滓

核桃麵包

核桃和蜂蜜很相配。
製作過程不需最終發酵。

核桃麵包

【材料】 （16cm 2條份）

利斯朵中筋麵粉	140g
鷹牌高筋麵粉	60g
速發乾酵母	0.1g
鹽	4g
葡萄乾酵母	30g
蜂蜜	5g
麥芽	2g
牛奶	40g
水	55g
礦翠Contrex天然礦泉水	20g
核桃	80g

【預先準備】

◎ 用160℃的烤箱烤核桃10分鐘，再泡水10分鐘後瀝乾。

【作法】

1. 在保鮮盒加水，再添加預先拌好的粉類。用橡皮刮刀確實攪拌到沒有粉粒。

2. 粉粒消除之後，用橡皮刮刀勾起麵糰，緩慢地舉起刮刀，延展麵糰。在快要斷裂以前對折放下麵糰。

3. 旋轉保鮮盒，再次延展麵糰，再加入核桃。重複同樣的勾起麵糰延展，直到與核桃混合。放在室溫中20分鐘。

4. 延展放下麵糰，重複5～6次（排氣）。室溫發酵到1.8倍大。

5. 放進冰箱冷藏，在室溫與冰箱合計發酵17～24小時（最終膨脹率2倍）。

6. 把烤盤放進烤箱，以最高溫度預熱。在麵糰撒上大量手粉，用刮板插入保鮮盒和麵糰之間做出縫隙後，再翻過來取出麵糰。

7. 分割成2個218g麵糰，從近身側向外寬鬆地折捲，並把收口處朝上、縱向放置。輕輕攤開，從近身側把麵糰折成三等分。一邊對折，一邊由右至左收口邊緣。把麵糰放在烘焙紙上。

8. 劃入2條割紋，蓋上烘焙紙。在烤箱添加蒸氣，以最高溫烤5分鐘，再把烘焙紙取下，溫度調降為240℃，烘烤15分鐘完成。

裸麥麵包

建議從側面切片，夾入生火腿或起司享用。

【材料】（16cm 2條份）

利斯朵中筋麵粉 ──────140g

裸麥粉 ──────60g

速發乾酵母 ──────0.1g

鹽 ──────3.6g

葡萄乾酵母 ──────30g

蜂蜜 ──────5g

優格 ──────20g

水 ──────85g

礦翠Contrex天然礦泉水 ──────15g

麥芽 ──────1g

【作法】

1. 在保鮮盒放入材料，用橡皮刮刀攪拌到沒有粉粒。旋轉保鮮盒並延展麵糰5～6次（請參照P.41）。室溫放置20分鐘。

2. 用橡皮刮刀反覆延展麵糰5次，放置20分鐘（第1次的排氣）。之後同樣再重複1次（第2次的排氣）。

3. 在室溫中發酵到1.8倍大，再放進冰箱冷藏。在室溫與冰箱的合計發酵時間為17～24小時，直到變成最終膨脹率2倍。

4. 分割成1個180g麵糰（**a**），從對側向內折疊1/3麵糰，並由右至左收口麵糰（**b**），然後再次對折，由右至左收口麵糰（**c**），放在麵糰發酵布上。以35℃發酵50分鐘。把烤盤放進烤箱，以最高溫度預熱。

5. 把麵糰移到烘焙紙上，劃入割紋（**d**）。在烤箱添加蒸氣，以最高溫烤5分鐘，再把烘焙紙取下，溫度調降為240℃，烘烤10分鐘完成。

a

b

c

d

艾草捲

或許這樣的組合很讓人意外，但紅豆沙和奶油乳酪非常相配。

【材料】（6個份）

利斯朵中筋麵粉	200g
乾燥艾草	4g
速發乾酵母	0.2g
砂糖	10g
鹽	3.6g
葡萄乾籽	28g
水	90g
礦翠Contrex天然礦泉水	30g
顆粒紅豆餡	130g
奶油乳酪	50g

【作法】

※ 先進行P.56步驟**1～2**，再於室溫中發酵至1.6倍大，然後放進冰箱冷藏。在室溫與冰箱中的合計發酵時間為17～24小時，直到變成最終膨脹率1.8倍為止。

1. 用擀麵棍擀開成25×30cm。除了對側1cm以外，其他地方都鋪上顆粒紅豆餡和奶油乳酪（**a**）。

2. 從近身側捲起，收口折疊收口處（**b**）。分割成6等分，分割的面朝上，放在鋁杯（8號）上（**c**）。

3. 以35℃發酵40分鐘。把烤盤放進烤箱，以250℃預熱。以220℃的烤箱烤5分鐘，再降溫為190℃烘烤8分鐘完成。

a

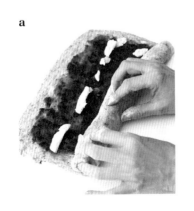

b

c

長棍麵包的作法比較

即使同樣都是長棍麵包，也會因為作法不同，而形成不同的氣泡或味道。請試著找出適合自己的作法，或是喜歡的長棍麵包口味。雖然外表可能看不出來，但只要試吃比較，就會知道明顯的差異。製作麵包實在是不可思議又有趣。

各種麵包的作法

⫴ 水合法

【材料】
● 水合麵糰
　利斯朵中筋麵粉⋯⋯⋯⋯⋯⋯170g
　水⋯⋯⋯⋯⋯⋯⋯⋯⋯⋯⋯170g
利斯朵中筋麵粉⋯⋯⋯⋯⋯⋯80g
速發乾酵母⋯⋯⋯⋯⋯⋯⋯⋯1g
鹽⋯⋯⋯⋯⋯⋯⋯⋯⋯⋯⋯4.5g
水合麵糰⋯⋯⋯⋯⋯⋯⋯⋯全部

【作法】
用水合法放置60分鐘，製作主麵糰。以28℃～30℃發酵30分鐘。分割成2個210g麵糰，再同樣進行P.15～19直接法的「長棍麵包」步驟2～19。

【特徵】短時間的揉麵。形成薄麵包皮和溼潤的麵包屑。

⫴ 發酵麵糰

【材料】
利斯朵中筋麵⋯⋯⋯⋯⋯⋯⋯210g
發酵麵糰⋯⋯⋯⋯⋯⋯⋯⋯⋯40g
速發乾酵母⋯⋯⋯⋯⋯⋯⋯⋯1g
鹽⋯⋯⋯⋯⋯⋯⋯⋯⋯⋯⋯3.8g
麥芽⋯⋯⋯⋯⋯⋯⋯⋯⋯⋯⋯1g
水⋯⋯⋯⋯⋯⋯⋯⋯⋯⋯⋯136g

【作法】
先進行P.12～13直接法的「揉麵」步驟1～6、11，再以28℃～30℃發酵30分鐘。分割成2個195g麵糰，再同樣進行P.15～19直接法的「長棍麵包」步驟2～19。

【特徵】短時間就能完成。因為容易劃入割紋，很適合用來練習製作長棍麵包。簡單的口味帶有細緻的麵包屑。

||| 少量酵母

【材料】

利斯朵中筋麵粉·····························250g
速發乾酵母·····························0.2g
鹽·····························4.5g
麥芽·····························3g
水·····························155g
礦翠Contrex天然礦泉水·····························20g

【作法】
同樣進行P.45「法式小麵包」的揉麵步驟～1次發酵為止。分割成2個215g麵糰，製成圓筒狀後，放置20分鐘。折疊收口處朝上，同樣進行P.47～48「巴塔麵包」的步驟 **3～11**。用手掌用力按壓的地方，要避免弄破氣泡，僅在麵糰的邊緣內側2mm收口。

【特徵】帶有輕微甜味，多氣泡、氣泡膜薄。

||| 自製酵母

【材料】

利斯朵中筋麵粉·····························250g
速發乾酵母·····························0.1g
鹽·····························4.5g
葡萄乾籽·····························30g
麥芽·····························3g
水·····························117g
礦翠Contrex天然礦泉水·····························20g

【作法】
同樣進行P.45「法式小麵包」的揉麵步驟～1次發酵為止。分割成2個210g麵糰，再製成圓筒狀後，放置20分鐘。折疊收口處朝上，同樣進行P.47～48「巴塔麵包」的步驟 **3～11**。用手掌用力按壓的地方，要避免弄破氣泡，僅在麵糰的邊緣2mm內側收口。

【特徵】帶有醇厚的甜味，麵包屑略帶琥珀色。多氣泡、氣泡膜薄。

Part
2

烘焙坊的麵包

Boulangerie

貝果

短時間內就能製作完成。
掌握如何製作原味貝果後，
食譜可以無限延伸。

烘焙坊的麵包

原味貝果

【材料】（4個份）

鷹牌高筋麵粉⋯⋯⋯⋯⋯⋯⋯⋯⋯250g

速發乾酵母⋯⋯⋯⋯⋯⋯⋯⋯⋯⋯3g

砂糖⋯⋯⋯⋯⋯⋯⋯⋯⋯⋯⋯⋯⋯18g

鹽⋯⋯⋯⋯⋯⋯⋯⋯⋯⋯⋯⋯⋯⋯5g

水⋯⋯⋯⋯⋯⋯⋯⋯⋯⋯⋯⋯⋯150g

【預先準備】

◎ 準備4張12×12cm烘焙紙。

【作法】

1. 在調理盆放入材料，混合至沒有粉粒，取出放在工作台上。在檯面上反覆摩擦，來回延展麵糰。

2. 等整塊麵糰的硬度都和耳垂一樣，就算揉麵完成（乾巴巴的狀態）。分割成4個105g麵糰，輕輕滾圓。包上保鮮膜，擺放休息20分鐘。

3. 收口處朝上放在工作台上，用擀麵棍擀開成9×12cm。從近身側捲緊麵糰，再輕輕滾動。剩下的材料也同樣操作。

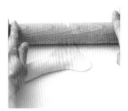

4. 用雙手滾動麵糰，延展成大約22cm的長度。把折疊收口處放在近身側，斜向上下延展右側2cm。

5. 用相反邊的麵糰繞一圈，再用延展後的麵糰包起來。收口處朝下，放在烘焙紙上。以30℃發酵35分鐘。以200℃預熱烤箱。

6. 以熱水比砂糖1ℓ：2大匙（材料外）的比例裝入鍋中，再連同烘焙紙把貝果放進熱水中煮1分鐘（途中取出烘焙紙）。

7. 上下翻面再煮1分鐘，確實瀝乾水分。

8. 把收口處朝下放在烘焙紙上，以200℃的烤箱烘烤15～18分鐘完成。

全麥貝果

【材料】（4個份）

鷹牌高筋麵粉 ·····200g

全麥麵粉 ·····50g

速發乾酵母 ·····3g

砂糖 ·····15g

鹽 ·····5g

水 ·····150g

【作法】

※ 和P.63「原味貝果」一樣。

雙起司貝果

【材料】（4個份）

鷹牌高筋麵粉 ·····250g

速發乾酵母 ·····3g

砂糖 ·····15g

鹽 ·····5g

水 ·····150g

加工起司（切成8mm塊狀）·····60g

披薩用起司 ·····30g

【作法】

※ 和P.63「原味貝果」的基本步驟一樣，唯有以
　下步驟不同。

3. 收口處朝上放在工作台上，用擀麵棍擀開成
　9×12cm。留下麵糰的右邊2cm，其他地方撒上
　加工起司，從近身側捲緊麵糰。

8. 瀝乾後放在烘焙紙上，再放上披薩用起司。

巧克力貝果

【材料】（4個份）

鷹牌高筋麵粉 ·····235g

可可粉 ·····15g

速發乾酵母 ·····3g

砂糖 ·····20g

鹽 ·····5g

水 ·····160g

巧克力（切成8mm塊狀）·····15g

杏仁 ·····13g

【預先準備】

◎ 杏仁用160℃的烤箱烤10分鐘。泡水10分鐘後
　瀝乾水分，切成8mm塊狀。

【作法】

※ 和P.63「原味貝果」的基本步驟一樣，唯有以
　下步驟不同（分割成4個110g麵糰）。

3. 收口處朝上放在工作台上，用擀麵棍擀開成
　9×12cm。留下麵糰的右邊2cm，其他地方撒上
　巧克力和杏仁，從近身側捲緊麵糰。

藍莓貝果

【材料】（4個份）

鷹牌高筋麵粉 ·····250g

速發乾酵母 ·····3g

砂糖 ·····13g

鹽 ·····4.5g

水 ·····130g

藍莓果醬 ·····80g

糖漬栗子（切成5mm塊狀）·····6粒

藍莓果醬（整形用）·····4小匙

【作法】

※ 和P.63「原味貝果」的基本步驟一樣，唯有以
　下步驟不同（分割成4個120g麵糰）。

3. 收口處朝上放在工作台上，用擀麵棍擀開成
　9×12cm。留下麵糰的右邊2cm，其他地方塗上
　藍莓果醬（整形用）並撒上糖漬栗子，再從近
　身側捲緊麵糰。

肉桂捲和猴子麵包

一吃就停不下來，
又甜又好吃的點心類麵包。

肉桂捲

【材料】（6個份）

鷹牌高筋麵粉	250g
速發乾酵母	4.5g
鹽	4.5g
砂糖	20g
雞蛋	35g
牛奶	150g
奶油	25g

● 內餡

奶油	50g
紅糖	90g
肉桂粉	15g

● 糖霜

奶油乳酪	50g
奶油	30g
糖粉	90g
檸檬汁	5g

【預先準備】

◎ 製作內餡

1. 把放在室溫中回溫的奶油用攪拌機攪拌。分3次加入紅糖和肉桂粉，每次加入皆用攪拌機攪拌。放進冰箱冷藏直到即將使用以前。

◎ 製作糖霜

1. 把放在室溫中回溫的奶油乳酪和奶油用攪拌機攪拌。分成2次加入糖粉，每次加入皆用攪拌機攪拌。

2. 添加檸檬汁，用攪拌機粗略攪拌。放進冰箱冷藏直到即將使用以前。

POINT 微波加熱後享用更美味。

【作法】

※ 先進行P.12～13直接法的「揉麵」步驟**1**～**7**、**11**，再以28℃～30℃發酵50分鐘。

1. 等麵糰發酵成2倍大後排氣，再製成圓筒狀麵糰。輕輕包上保鮮膜，擺放休息15分鐘。

2. 把折疊收口處朝上，用擀麵棍擀開成20×25cm。

3. 在對側留下1cm，麵糰的其他地方都塗上內餡，再從近身側捲起來。

4. 收合折疊收口處，用刮板切成6等分。

5. 把切割面朝上，放在鋁杯（10號）上。剩下的材料也同樣操作，再整理外型。以35℃發酵30分鐘。

6. 以190℃預熱烤箱，烘烤12分鐘完成。待冷卻後，把糖霜放在麵糰上。

猴子麵包

【材料】(15cm天使蛋糕模1個份)

鷹牌高筋麵粉 ⋯⋯⋯⋯⋯ 150g
速發乾酵母 ⋯⋯⋯⋯⋯⋯ 3g
砂糖 ⋯⋯⋯⋯⋯⋯⋯⋯ 23g
鹽 ⋯⋯⋯⋯⋯⋯⋯⋯⋯ 2g
雞蛋 ⋯⋯⋯⋯⋯⋯⋯⋯ 50g
奶油 ⋯⋯⋯⋯⋯⋯⋯⋯ 40g
牛奶 ⋯⋯⋯⋯⋯⋯⋯⋯ 45g

● 糖漿
　精製白砂糖 ⋯⋯⋯⋯⋯ 45g
　水 ⋯⋯⋯⋯⋯⋯⋯ 1大匙
　奶油 ⋯⋯⋯⋯⋯⋯⋯ 30g
核桃 ⋯⋯⋯⋯⋯⋯⋯⋯ 10g

【預先準備】

◎ 核桃用160℃的烤箱烤10分鐘,泡水10分鐘
　後瀝乾水分,切成1/4～1/2。

◎ 在15cm的天使蛋糕模塗上奶油(材料外)。

◎ 製作糖漿

　1. 在鍋中放入精製白砂糖和水,接著開火
　　加熱。

　2. 待精製白砂糖溶化後,加入奶油融化。

　3. 等待溫度冷卻到和體溫一樣(如果凝固
　　了,在使用前先用火加熱融化)。

POINT 　等麵糰確實上色完成後就要翻面。翻面過程
中如果麵糰快要崩解走樣,就別勉強取出,繼續再烤幾
分鐘(別搖晃烤模)。

【作法】

※ 先進行P.12～13直接法的「揉麵」步驟**1**～**7**
　(分2次加入奶油)、**11**,再以28℃～30℃發酵
　60分鐘。

1. 等麵糰發酵成2倍
大後,把收口處朝
上,用擀麵棍擀開成
18×18cm。用刮板切
成4塊,再各自隨機
切成5～6等分。

2. 在烤模放上1/2的核
桃。滾圓麵糰沾裹糖
漿後,放進烤模。

3. 裝好第一層後,放進
剩下的核桃。

4. 把剩下的麵糰用同
樣方式放入。以35℃
發酵30分鐘。以
200℃預熱烤箱。

5. 淋上剩下的糖漿,
再把烤模放在鋪了
烘焙紙的烤盤上。
以190℃的烤箱烘烤
15～18分鐘完成。

6. 從烤箱取出,在烘焙
紙上倒扣烤模取出
麵糰。繼續烘烤5～8
分鐘直到上色完成。

英式瑪芬

也推薦用叉子從側面切割，
沾蜂蜜享用。

【材料】（6個份）

鷹牌高筋麵粉	150g
速發乾酵母	3g
砂糖	10g
鹽	2g
粗粒玉米粉	15g
奶油	20g
水	105g

● 整形用

粗粒玉米粉 ………… 適量

【預先準備】

◎ 在8cm（高2cm）的圓形烤模塗上
奶油。沒有圓形烤模的話，可以
用2×27cm的厚紙製作直徑8cm的
圓環，以訂書機固定，並且捲上
烘焙紙。

【作法】

※ 先進行P.12～13直接法的「揉麵」步驟1～7、11，再以28℃～30℃發酵40分鐘。

1. 等麵糰發酵成2倍大後排氣，分割成6個50g麵糰並滾圓。輕輕包上保鮮膜，擺放休息10分鐘。

2. 收口處朝下放在工作台上，確實滾圓（**a**）。

3. 麵糰沾上粗粒玉米粉，放在烘焙紙上的圓形烤模中心（**b**）。

4. 剩下的材料也以同樣方式製作，用烤盤的平面疊在烘焙紙上（**c**）。

5. 以35℃發酵25分鐘。以180℃預熱烤箱。

6. 維持上面疊著烤盤的樣子直接放進烤箱，以180℃烘烤10～12分鐘完成（**d**）。

7. 烘焙完成後，移除圓形烤模。

a

b

c

d

英式烤餅

在電影《歡樂滿人間》中登場的輕食甜麵包。請加熱一下再享用。

【材料】（4塊份）

低筋麵粉·················90g
速發乾酵母··············2.8g
砂糖·······················5g
鹽··························少許
小蘇打·····················3g
牛奶·······················90g
奶油·······················15g

【預先準備】

◎ 在8cm（高度2cm）的圓形烤模塗
上奶油（材料外）。
過篩撒上低筋麵粉。

【作法】

1. 在鍋中放入牛奶和奶油，開火加熱融化。冷卻至大約32℃。
2. 加進所有材料，用打蛋器拌合（**a**）。
3. 放在室溫中30～60分鐘，直到變成約2倍大（**b**）。
4. 在已熱鍋的平底鍋塗上薄薄一層油（材料外），放上圓形烤模（**c**），然後倒入麵糰。
5. 等表面乾了以後，移除圓形烤模。
6. 翻面後烤2分鐘完成（**d**）。

a

b

c

d

黑麵包

因為裸麥很多，麵糰很硬難以形成麵筋。請利用體重從上方加壓揉麵。

【材料】 （23cm 1條份）

● 中種

裸麥粉‥‥‥‥‥‥‥‥‥‥‥‥100g

速發乾酵母‥‥‥‥‥‥‥‥‥‥3g

砂糖‥‥‥‥‥‥‥‥‥‥‥‥‥6g

優格‥‥‥‥‥‥‥‥‥‥‥‥‥40g

水‥‥‥‥‥‥‥‥‥‥‥‥‥‥85g

● 主麵糰

鷹牌高筋麵粉‥‥‥‥‥‥‥‥100g

鹽‥‥‥‥‥‥‥‥‥‥‥‥‥‥4g

葡萄乾‥‥‥‥‥‥‥‥‥‥‥‥60g

核桃‥‥‥‥‥‥‥‥‥‥‥‥‥40g

【預先準備】

◎ 葡萄乾泡水10分鐘後瀝乾。核桃用160℃
的烤箱烤10分鐘，再泡水10分鐘後瀝乾
水分。

【作法】

1. 把中種的材料放進調理盆，用打蛋器確實拌合。以
   28℃～30℃發酵30分鐘。

2. 加進主麵糰的材料混合後，取出放到工作台上，在
   檯面上摩擦混合全部材料。等到稍微有點黏性之
   後，混合葡萄乾和核桃再滾圓（**a**）。以28℃～30℃
   發酵45分鐘。

3. 把收口處朝上，用手掌壓平。從麵糰的近身側折1/3，
   再從對側折麵糰，稍微與另一側麵糰重疊（**b**）。

4. 再次從對側對折麵糰，並由右至左收口（**c**）。

5. 把麵糰放在麵糰發酵布上，以35℃發酵30分鐘。把
   烤盤放進烤箱，以230℃預熱。

6. 移到烘焙紙上，劃入3條割紋（**d**）。以210℃的烤箱
   烘烤20～25分鐘完成。

a

b
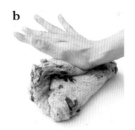

c
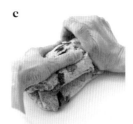

d

德國結麵包

享受麵包粗細不同處的口感差異！

德國結麵包

【材料】（3個份）

材料	份量
鷹牌高筋麵粉	200g
速發乾酵母	1g
砂糖	8g
鹽	3g
水	110g
奶油	15g
岩鹽（整形用）	適量
小蘇打（小蘇打溶液用）	50g～100g

【作法】

1. 把材料放進調理盆拌合。取出到工作台上，摩擦推展麵糰，揉到光滑為止。

2. 以30℃發酵30分鐘。

3. 等到變大一圈後，分割成3個110g麵糰。

4. 從近身側捲起，擺放休息20分鐘。以210℃預熱烤箱。

5. 取一深鍋加入1～2ℓ的水量，開火煮至沸騰備用。

6. 用雙手滾動麵糰，延展至約30cm。剩下的材料也同樣操作。

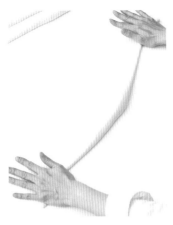

7. 再次延展麵糰，使末端變細至總長60㎝。

8. 從末端取10㎝扭轉1次。

9. 把兩端放在較粗的地方，再放到烘焙紙上。剩下的材料也同樣操作。

10. 把小蘇打加入步驟5還不到大滾的熱水中（比例為熱水1ℓ：小蘇打50g），攪拌均勻。

11. 連同烘焙紙把麵糰放進鍋中。

12. 把麵糰浸泡到水中30秒。也可以拿掉烘焙紙。

13. 確實瀝乾水分，在烘焙紙上放置3分鐘。

14. 等麵糰的表面乾燥後，在較粗的地方劃入割紋，撒上岩鹽。以210℃的烤箱烘烤15分鐘完成。

脆皮奶酥蛋糕

熬煮果醬時確實收汁，
也可以使用市售的果醬。

烘焙坊的麵包

脆皮奶酥蛋糕

【材料】（25cm 1個份）

利斯朵中筋麵粉	250g
速發乾酵母	5g
砂糖	30g
鹽	5g
雞蛋	50g
牛奶	110g
奶油	30g

● 奶酥

低筋麵粉	25g
砂糖	20g
奶油	20g

● 黑櫻桃果醬
（容易製作的份量）

黑櫻桃（罐頭）	200g
罐頭的糖漿	50g
精製白砂糖	35g
玉米粉	2小匙

【預先準備】

◎ 製作奶酥

1. 把過篩的低筋麵粉、砂糖、奶油放進調理盆，用刮板把奶油切碎。

2. 等材料變細碎以後，用手掌摩擦刮下，製成小顆粒。放進冰箱冷藏直到即將使用以前。

◎ 製作黑櫻桃果醬

1. 確實拌合精製白砂糖和玉米粉，再把所有材料放入鍋中，以中火加熱。煮到確實收汁後，從火上移開，放置到完全冷卻。

【作法】

※ 先進行P.12～13直接法的「揉麵」步驟 **1～7**、**11**，再以28℃～30℃發酵40分鐘。

1. 等麵糰發酵成2倍大後排氣，再製成圓筒狀麵糰。輕輕包上保鮮膜，擺放休息10分鐘。

2. 把折疊收口處朝上，用擀麵棍擀開成25cm的圓形，再放到烘焙紙上。

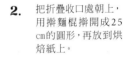

3. 以35℃發酵15分鐘。以180℃預熱烤箱。用叉子叉麵糰戳洞。

4. 依序放上黑櫻桃果醬和奶酥。

5. 以180℃的烤箱烘烤15分鐘完成。

德國聖誕麵包

麵包類型的德式聖誕蛋糕。
以香料和酒漬水果，營造出美妙的和諧。

烘焙的麵包

德國聖誕麵包

【材料】（20㎝ 1條份）

鷹牌高筋麵粉⋯⋯⋯⋯⋯200g
速發乾酵母⋯⋯⋯⋯⋯⋯4g
砂糖⋯⋯⋯⋯⋯⋯⋯⋯⋯40g
鹽⋯⋯⋯⋯⋯⋯⋯⋯⋯2.5g
肉桂粉⋯⋯⋯⋯⋯⋯⋯1小匙
肉荳蔻粉⋯⋯⋯⋯⋯1/2小匙
雞蛋⋯⋯⋯⋯⋯⋯⋯⋯50g
牛奶⋯⋯⋯⋯⋯⋯⋯⋯90g
奶油⋯⋯⋯⋯⋯⋯⋯⋯50g

● 酒漬水果
　葡萄乾⋯⋯⋯⋯⋯⋯⋯100g
　蔓越莓乾⋯⋯⋯⋯⋯⋯30g
　橙皮⋯⋯⋯⋯⋯⋯⋯⋯40g
　櫻桃乾⋯⋯⋯⋯⋯⋯⋯10g
　蘭姆酒⋯⋯⋯⋯⋯⋯1大匙
　白蘭地⋯⋯⋯⋯⋯⋯1大匙
核桃⋯⋯⋯⋯⋯⋯⋯⋯20g
杏仁片⋯⋯⋯⋯⋯⋯⋯30g
杏仁果⋯⋯⋯⋯⋯⋯⋯20g
杏仁膏⋯⋯⋯⋯⋯⋯⋯90g
融化奶油⋯⋯⋯⋯⋯⋯20g
糖粉⋯⋯⋯⋯⋯⋯⋯⋯適量

【預先準備】

◎ 用160℃的烤箱烤堅果類5～10分鐘，泡
　水後瀝乾水分。
◎ 用蘭姆酒和白蘭地醃漬水果類材料（2
　星期）。
◎ 把櫻桃乾切成1㎝塊狀。
◎ 把杏仁膏做成15㎝的棒狀。

【作法】

※ 先進行P.12～13直接法的「揉麵」步驟
　1～11（分2次加入奶油），再以28℃～
　30℃發酵60分鐘。

1. 把收口處放在工作
台上，用擀麵棍擀開
成23×16㎝。

2. 把擀麵棍放在麵糰
的中心，輕輕做出凹
痕，再把杏仁膏放在
遠離凹痕的地方。

3. 把沒有放杏仁膏的
麵糰邊緣折起約2
㎝，然後再對折。

4. 把麵糰放在烘焙紙
上，以28℃～30℃發
酵40分鐘。以170℃
預熱烤箱。

5. 以170℃的烤箱烘烤
30分鐘。烘焙完成
後，趁熱用毛刷刷上
融化的奶油。

6. 確實冷卻後，在整塊
麵包撒上糖粉。

鹽棒麵包

酥脆的表皮讓人上癮。
可以夾入火腿或起司。

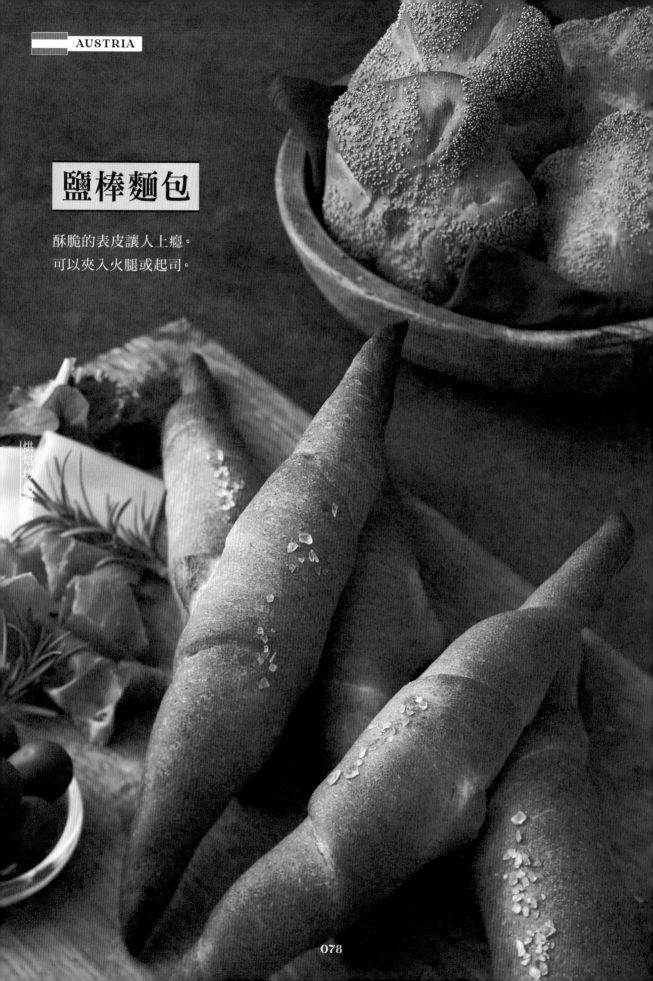

鹽棒麵包

【材料】（27cm 4條份）

利斯朵中筋麵粉	130g
全麥麵粉	30g
速發乾酵母	2g
砂糖	5g
鹽	2g
脫脂奶粉	5g
水	85g
豬油	20g
岩鹽（整形用）	適量

【作法】

1. 把材料放進調理盆拌合。取出到工作台上，反覆摩擦來回推展麵糰，直到變光滑為止，然後再滾圓。以28℃～30℃發酵40分鐘。

2. 等麵糰發酵成1.8倍大後，把收口處朝上，用擀麵棍擀開成25cm的圓形。

3. 在中心以刮板十字切割成4等分，包上保鮮膜，擺放休息15分鐘。

4. 用擀麵棍從中心向上延展麵糰，接著把剩下的麵糰分別朝右下、左下擀開。

5. 折起底邊約5mm，並在麵糰的兩端用中指固定。

6. 稍微朝外側滾動捲起麵糰。

7. 折疊收口處朝下，放在麵糰發酵布上，以30℃發酵30分鐘。以220℃預熱烤箱。

8. 移到烘焙紙上。用噴霧器在麵糰上噴水，並在中心處撒上岩鹽。以210℃的烤箱烘烤10分鐘完成。

凱薩麵包

澳洲的經典早餐。

【材料】（4個份）

利斯朵中筋麵粉	150g
鷹牌高筋麵粉	30g
速發乾酵母	3g
砂糖	5g
鹽	3g
水	110g
豬油	5g
罌粟籽	適量

【作法】 ※先進行P.12～13直接法的「揉麵」步驟**1～3、4'、6、11**（一開始就先放入豬油），再以28℃～30℃發酵40分鐘。

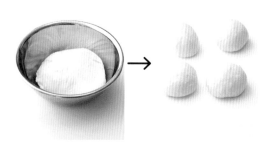

1. 等麵糰發酵成2倍大後排氣，分割成4個75g麵糰並滾圓。輕輕包上保鮮膜，放置10分鐘。

2. 把收口處朝上，用擀麵棍擀開成15cm的圓形。

3. 把麵糰往中心帶過來輕輕壓住，稍微旋轉麵糰。

6. 以200℃預熱烤箱。在烤箱添加蒸氣，以200℃烘烤16分鐘完成。

4. 繼續把麵糰往中心帶過來輕輕壓住，重複旋轉5次。

5. 在麵糰上稍微用噴霧器噴水，添加罌粟籽後，放在烘焙紙上。以35℃發酵30分鐘。

Point

如何更簡單地整形

滾圓麵糰後添加罌粟籽。

· 凱薩麵包模
  按壓凱薩麵包模。

· 叉子
  從麵糰的中心用叉子橫向往下按壓，剩下的4個地方也以同樣方式施作。

辮子麵包

外形像辮子的麵包。也可以做成中心較粗、末端較細，享受不同的口感。

【材料】 （34cm 1個份）

鷹牌高筋麵粉 ⋯⋯⋯⋯⋯⋯⋯250g
速發乾酵母 ⋯⋯⋯⋯⋯⋯⋯⋯4g
鹽 ⋯⋯⋯⋯⋯⋯⋯⋯⋯⋯⋯⋯5g
脫脂奶粉 ⋯⋯⋯⋯⋯⋯⋯⋯10g
水 ⋯⋯⋯⋯⋯⋯⋯⋯⋯⋯⋯110g
雞蛋 ⋯⋯⋯⋯⋯⋯⋯⋯⋯⋯30g

● 打發奶油

奶油 ⋯⋯⋯⋯⋯⋯⋯⋯⋯⋯30g
砂糖 ⋯⋯⋯⋯⋯⋯⋯⋯⋯⋯35g
杏仁片 ⋯⋯⋯⋯⋯⋯⋯⋯適量

【預先準備】
◎ 把奶油放在室溫中回溫。

【作法】

1. 把放在室溫中回溫的奶油放進調理盆中，用攪拌機攪拌。

2. 添加砂糖，繼續打發至變白，再放進冰箱冷藏休息。

3. 混合所有材料，同樣進行P.12～13直接法的「揉麵」步驟**1**～**3**、**4'**、**6**、**11**，再放進冰箱冷藏1小時。

4. 分割成4個118g麵糰,輕輕滾圓再擺放休息10分鐘。

5. 把收口處朝上排氣,從近身側開始折捲,確實收合折疊收口處。剩下的材料也同樣操作。

6. 用雙手滾動麵糰,延展至30㎝。剩下的材料也同樣操作。

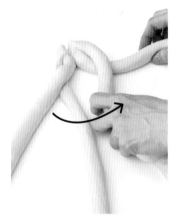

7. 延展至60㎝,接著排列成4條放射狀。

8. 把左起的第2條,和最右邊的麵糰往左旁的麵糰上交叉。

9. 把左起第2條麵糰放在第3條麵糰上交叉。

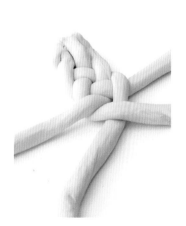

10. 重複步驟8~9。

11. 捏住辮子末端稍微往背面折,再放到烘焙紙上。以35℃發酵30分鐘。以190℃預熱烤箱。

12. 塗上蛋液(材料外),放上杏仁片,以190℃的烤箱烘烤18分鐘完成。

咕咕霍夫

淋上大量糖漿，
濕潤而融化在口中的咕咕霍夫。

【材料】（15cm的咕咕霍夫烤模1個份）

鷹牌高筋麵粉	160g
速發乾酵母	2.5g
砂糖	20g
蜂蜜	10g
鹽	2.8g
蛋黃	1個
雞蛋	40g
鮮奶油（乳脂肪含量35%）	20g
牛奶	30g
奶油	50g
蘭姆酒漬葡萄乾	65g
杏仁	5g（加進麵糰）＋5g（放進烤模）
糖漿	適量

【預先準備】

◎ 杏仁用160℃的烤箱烤10分鐘，再泡水10分鐘，瀝乾水分。

◎ 在咕咕霍夫烤模塗上奶油（材料外），再加入5粒杏仁。

◎ 把水（50g）和砂糖（25g）加入鍋中，開火加熱，等砂糖溶化後關火移下火爐。等完全冷卻後，添加蘭姆酒（3g）製作糖漿。

鹹味咕咕霍夫

咕咕霍夫不只有甜的，
也有鹹的。

【材料】（15cm的咕咕霍夫烤模1個份）

鷹牌高筋麵粉	160g
速發乾酵母	2.5g
砂糖	5g
鹽	2.8g
雞蛋	50g
牛奶	45g
奶油	50g
培根（切片）	2片
洋蔥	1/4顆
香菜	適量

【預先準備】

◎ 把培根切片成寬3㎜，洋蔥切成薄片。以平底鍋翻炒直到洋蔥軟化後，用鹽和胡椒（材料外）調味成較重的口味。

◎ 在咕咕霍夫烤模塗上奶油（材料外），再撒上香菜。

【咕咕霍夫的作法】

※ 先進行P.12～13直接法的「揉麵」步驟**1**～**11**（分2次加入奶油），再以28℃～30℃發酵50分鐘。

1. 麵糰發酵成1.5倍大後整平，再製成圓筒狀放置10分鐘。

2. 收口處朝上，用擀麵棍擀開成13×25㎝。

3. 從近身側開始捲。

4. 把折疊收口處朝上，稍微復原右側的折捲處。

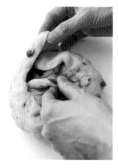

5. 把麵糰圍成一圈，放在復原處的麵糰上包住。

6. 把收口處朝上放進烤模，以35℃發酵30分鐘。以190℃預熱烤箱。

7. 以180℃的烤箱烘烤10分鐘，再降溫為170℃，繼續烤10分鐘後脫模。

8. 趁熱刷上糖漿。

【鹹味咕咕霍夫的作法】

※ 先進行P.12～13直接法的「揉麵」步驟**1**～**7**（分2次加入奶油）、**11**，再以28℃～30℃發酵50分鐘。

1. 等麵糰發酵成1.5倍大後整平，再製成圓筒狀放置10分鐘。

2. 把收口處朝上，用擀麵棍擀開成13×25㎝。

3. 在對側留下1㎝，並在右側留下2㎝，撒上培根和洋蔥，再從近身側捲起。後續同樣進行咕咕霍夫製作步驟的**4**～**7**。

義大利的麵包

義大利有很多一不小心
就會讓人吃太多的麵包。

拖鞋麵包

意思是「拖鞋」的麵包。
可以直接吃也可以做成三明治。

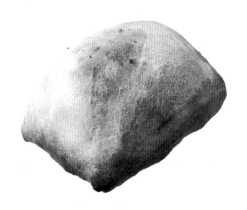

【材料】（3個份）

利斯朵中筋麵粉	180g
速發乾酵母	1g
鹽	3.2g
水	115g
橄欖油	9g
胡椒	適量
粗粒小麥粉	適量
橄欖油	適量

【作法】 ※ 先進行P.12～13直接法的「揉麵」步驟**1**～**6**（一開始就加入橄欖油）、**11**，再以28℃～30℃發酵40分鐘。

1. 把麵糰拿到鋪了粗粒小麥粉的工作台上，並用毛刷刷上橄欖油。

2. 用手指戳洞的方式攤開麵糰，撒上胡椒。

3. 折成三折，以28℃～30℃發酵40分鐘。把烤盤放進烤箱，以最高溫度預熱。

4. 把麵糰拿到鋪了粗粒小麥粉的工作台上，塗上橄欖油，並撒上胡椒。

5. 把四個邊切掉，再分成3等分。移到烘焙紙上，以28℃～30℃發酵20分鐘。

6. 劃入割紋，以230℃的烤箱烘烤15分鐘完成。

披薩餃

以披薩麵糰包住番茄醬和
莫札瑞拉起司。

【材料】（3個份）

利斯朵中筋麵粉	200g
速發乾酵母	2g
砂糖	5g
鹽	2g
水	120g
橄欖油	15g

● 內餡

披薩用起司	30g
莫札瑞拉起司	30g
火腿	3片
番茄醬	100g

【預先準備】

◎ 把莫札瑞拉起司和火腿切成1cm塊狀。

◎ 把200g的番茄罐頭熬煮收汁成100g的番茄醬。

【作法】

1. 把材料放進調理盆，仔細拌合。把麵糰拿到工作台上，在檯面上摩擦揉麵。等整個麵糰都呈現光滑後，滾圓麵糰。以28℃～30℃發酵30分鐘。

2. 等麵糰發酵成1.5倍大後排氣，分割成3個115g麵糰並滾圓，放置20分鐘。以230℃預熱烤箱。

3. 收口處朝上放置麵糰，以擀麵棍擀開成15㎝，下半部放上內餡（**a**）。

4. 剝下沒有放配料的麵糰，蓋在配料上（**b**）。

5. 確實收合邊端，並把收合的部分往內折（**c**）。

6. 放在烘焙紙上（**d**）。以220℃的烤箱烘烤10分鐘完成。

a　　　　　**b**　　　　　**c**　　　　　**d**

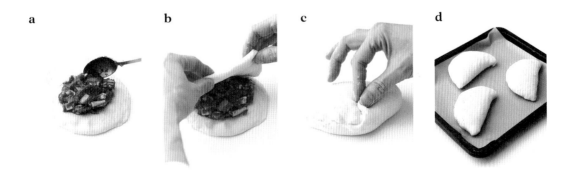

義大利麵包棒

可以捲上生火腿，
或者沾巧克力醬享用。

【材料】（16～17條份）

鷹牌高筋麵粉·······································155g
粗粒小麥粉···45g
速發乾酵母···1g
砂糖···4g
鹽···4g
水···110g
橄欖油···25g

【作法】

1. 把材料放進調理盆，仔細拌合。把麵糰拿到
   工作台上，在檯面上摩擦揉麵。等整個麵糰
   都呈現光滑後，滾圓麵糰。以28℃～30℃發酵
   40分鐘。以170℃預熱烤箱。
2. 分割成16～17個20g麵糰，從近身側捲起。
3. 剩下的麵糰也同樣捲好後，用雙手滾動麵糰
   延展成20cm。
4. 以同樣方式延展剩下的麵糰後，繼續延展至
   30cm，排在烘焙紙上（**a**）。
5. 以170℃的烤箱烘烤30分鐘完成。在剩下10分
   鐘的時候，暫時取出烤盤，並搖動烤盤讓麵
   糰上下翻面（**b**）。

佛卡夏

加了馬鈴薯，
略有嚼勁的口感。

【材料】（2個份）

鷹牌高筋麵粉·······································210g
速發乾酵母···3g
砂糖···5g
鹽··3.7g
馬鈴薯···60g
水···145g
橄欖油···15g
迷迭香、岩鹽、黑胡椒、蒜頭等

【預先準備】

◎ 馬鈴薯削皮後，切成1cm塊狀，再汆燙。煮到
竹籤可以刺穿後，用濾杓撈起，確實冷卻備用
（馬鈴薯的汆燙湯汁也可以用來代替水）。

【作法】

※ 先進行P.12～13直接法的「揉麵」步驟**1**～**3**
（一開始就加入橄欖油）、**4'**、**11**，再以28℃
～30℃發酵40分鐘。

1. 等麵糰發酵成1.8倍大後，分割成2個220g麵
   糰，並滾圓。包上保鮮膜，擺放休息15分鐘。
2. 把收口處朝上擺放麵糰，用擀麵棍擀開成
   20×10cm的橢圓形，再放到烘焙紙上（**a**）。
3. 以35℃發酵30分鐘。以200℃預熱烤箱。
4. 在麵糰的表面塗上橄欖油（材料外），用手指
   戳洞再放上配料（**b**）。
5. 以200℃的烤箱烘烤10分鐘完成。

a

b

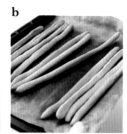

a

b

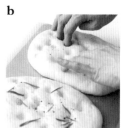

披薩

用一種麵糰做出酥脆型和
麵包型的披薩。

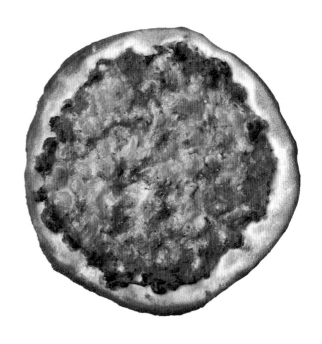

【材料】（2片份）

利斯朵中筋麵粉	180g
速發乾酵母	1g
鹽	3g
水	115g

● 番茄醬（容易製作的份量）

番茄罐頭	1個
橄欖油	2大匙
蒜頭	少許
洋蔥	中型1/2顆
番茄醬	2小匙
醬油	少許
砂糖	1小匙
乾燥奧勒岡	1/2小匙
乾燥羅勒	2/3大匙
披薩用起司	適量
喜歡的配料	適量

【預先準備】

◎ 製作番茄醬

1. 切蒜末，洋蔥切成粗末。
2. 在平底鍋加入橄欖油和步驟1，再把洋蔥炒至軟化。
3. 加入番茄罐頭，熬煮到大概剩一半的水分。
4. 加入剩下材料，用鹽和胡椒（材料外）調味。

【作法】

※ 先進行P.12～13直接法的「揉麵」步驟 **1～3**、**4**、**11**，再以28℃～30℃發酵1小時。

1. 發酵成2倍大後，分割成2個150g麵糰，並滾圓。包上保鮮膜，放置20分鐘。把烤盤放進烤箱，以最高溫度預熱。
2. 把1塊麵糰（麵包型）的收口處朝上，放在工作台上，用擀麵棍擀開成20cm的圓形，再放到烘焙紙上。以35℃發酵30分鐘（**a**）。
3. 把另1塊麵糰（酥脆型）的收口處朝上，用擀麵棍擀開成25cm的圓形，再放到烘焙紙上。塗上番茄醬，放上披薩用起司（**b**）。
4. 用最高溫度把步驟**3**烘烤3～5分鐘完成。烤好以後撒上黑胡椒（材料外）（**c**）。
5. 在步驟**2**塗上番茄醬，再放上披薩用起司。放上喜歡的配料（**d**）。
6. 以220℃的烤箱烘烤10分鐘完成。

a
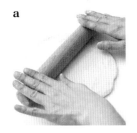

b

c

d

義大利水果麵包

起源於米蘭的聖誕節傳統甜點。

不使用義大利水果麵包種，容易上手的食譜……

【材料】（8×5cm的義大利水果麵包烤模4個份）

利斯朵中筋麵粉	160g	●酒漬果乾
速發乾酵母	3g	蘇丹娜葡萄乾	40g
砂糖	18g	蔓越莓乾	20g
鹽	2.8g	橙皮	20g
牛奶	50g	蘭姆酒	2大匙
雞蛋	50g	烘焙用奶油	適量
無糖優格	20g	裝飾用奶油	15g
奶油	60g		

【預先準備】

◎ 製作酒漬果乾

　　1. 把材料放進塑膠袋，密封避免空氣進入。

　　2. 每天交換上下位置一次，持續一星期。

◎ 融化裝飾用的奶油。

【作法】 ※ 先進行P.12～13直接法的「揉麵」步驟**1～11**（分2次加入奶油），再放入冰箱冷藏1小時。

1. 分割成4個115g麵糰，再滾圓。包上保鮮膜，放置10分鐘。

2. 確實滾圓，把收口處朝下，放進義大利水果麵包烤模。以28℃～30℃發酵60～90分鐘。以180℃預熱烤箱。

3. 塗上蛋液（材料外），用割紋刀或剪刀劃入深1mm的割紋。

4. 在割紋放上奶油（5mm塊狀），以180℃的烤箱烘烤10分鐘，再降溫為160℃烘烤5分鐘。

5. 烤好以後，用毛刷塗上融化的奶油。

烘焙坊的麵包

可頌

麵糰未延展時，
先放進冰箱冷藏。
正因為這是很耗功夫的麵包，
所以要更仔細慢慢地做…

可頌

【材料】（6個份）

利斯朵中筋麵粉	200g
發酵麵糰	40g
速發乾酵母	3g
鹽	3.6g
砂糖	20g
脫脂奶粉	5g
水	90g
雞蛋	15g
奶油	15g
折疊用奶油	100g

【預先準備】 ◎製作折疊用的奶油

1. 用保鮮膜夾住折疊用的奶油，再用擀麵棍輾壓。

2. 擀開成11×11cm，再放進冰箱冷藏。

3. 要使用的時候，搖晃奶油變成可以稍微彎曲的硬度。

【作法】

1. 先進行P.12～13直接法的「揉麵」步驟**1～3、7**，再揉成團。

2. 製成厚1.5cm的正方形，用保鮮膜包起，放進冰箱冷凍2小時。

3. 從冷凍庫取出，在麵糰的上下左右各留2cm，用擀麵棍擀開。

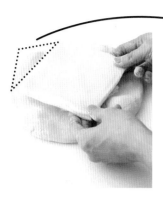 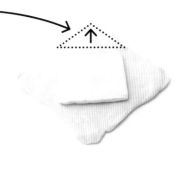 

4. 把麵糰擀開成放得進折疊用奶油的大小。

5. 把預留的1cm麵糰延展成可以包進奶油的大小。

6. 包進奶油，避免麵糰和奶油之間有空隙。

7. 用擀麵棍敲打四個邊，再輕輕按壓麵糰的接合處。

8. 用擀麵棍從中心向外按壓。上下各留1cm不按壓。

9. 預留1cm後，從中心滾動擀麵棍，延展成長度30cm。

10. 連同奶油一起用指尖仔細延展預留的麵糰。

11. 把整塊麵糰製成均等的厚度，再折成三折。

12. 輕壓折疊處。

13. 延展成1cm厚，用保鮮膜包起來，放冰箱冷藏或冷凍庫休息20〜30分鐘（第1次的折疊）。

14. 從麵糰的中心用擀麵棍輕壓。

15. 從中心延展成35×20cm。

16. 把整塊麵糰製成均等的厚度，再折成三折。輕壓折疊處。

17. 延展成1cm厚，用保鮮膜包起來，放冰箱冷藏或冷凍庫休息20〜30分鐘（第2次的折疊）。

18. 重複進行步驟14〜17（第3次的折疊）。

19. 用擀麵棍擀成長20×28cm。放冰箱冷藏休息20〜30分鐘。

20. 從麵糰的左上朝右上，每8cm做一個記號。

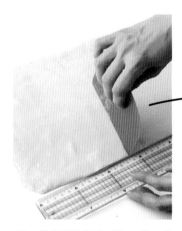

21. 從右下往左下，每8cm做一個記號。

22. 連結上下的記號，劃上引導線（劃出6個等腰三角形）。

23. 用菜刀沿著引導線切割。

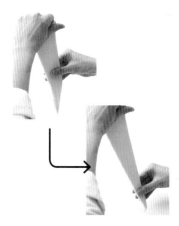

24. 左手拿著三角形的底邊，把右手的指尖放在麵糰的中心，輕輕往下滑動延展麵糰。

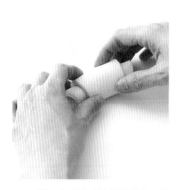

25. 從三角形的底邊開始捲起。此時請注意別壓壞剖面。

26. 把折疊收口處朝下，放在烘焙紙上。輕輕包上保鮮膜。以18〜28℃發酵60〜150分鐘。以200℃預熱烤箱。

27. 等麵糰的厚度變成2倍後，塗上蛋液（材料外）。以200℃的烤箱烘烤15〜20分鐘完成。

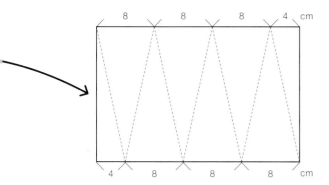

Point

因為麵糰會縮水，直到烤好的5分鐘前都不能打開烤箱。

杏仁可頌

原本是利用賣剩的可頌製作而成。

【材料】（6個份）

可頌――――――――――――――6個

● 糖漿

　水――――――――――――――50g

　精製白砂糖――――――――1/2大匙

　蘭姆酒――――――――――――1大匙

● 杏仁奶油餡

　奶油――――――――――――60g

　精製白砂糖――――――――――60g

　鹽――――――――――――――一撮

　雞蛋――――――――――――50g

　杏仁粉――――――――――――70g

杏仁片――――――――――――30g

糖粉――――――――――――――適量

【預先準備】

◎ 製作糖漿

　1. 把水和精製白砂糖放入鍋中加熱。

　2. 等精製白砂糖溶化後，從火爐移開。冷
　　卻後添加蘭姆酒。

◎ 製作杏仁奶油餡

　1. 把放在室溫下回溫的奶油、精製白砂
　　糖、鹽放進調理盆，用攪拌機拌至變白。

　2. 分2～3次加入蛋液。每次加入都用攪拌
　　機攪拌。

　3. 加入杏仁粉，並用橡皮刮刀攪拌至沒有
　　粉粒。

【作法】

1. 從側邊切開可頌（**a**）。以180℃預熱烤箱。

2. 用手輕輕壓扁，把剖面沾上糖漿（**b**）。

3. 在下方的剖面塗上杏仁奶油餡，覆蓋頂部
　　並放在烘焙紙上（**c**）。

4. 在頂部塗上杏仁奶油餡，撒上杏仁片（**d**）。

5. 以180℃的烤箱烘烤10～12分鐘完成。

6. 待冷卻後，過篩撒上糖粉。

法式巧克力麵包

不用巧克力棒，而是用板狀巧克力代替。

【材料】（5個份）
※同P.92「可頌」＋以下材料
巧克力⋯⋯⋯⋯⋯⋯⋯⋯⋯⋯⋯5個（7×2cm）

【作法】 ※進行P.92～94「可頌」的步驟 **1**～**18**。

1. 用擀麵棍擀成15×52cm，放進冰箱冷藏20～30分鐘。

2. 切掉四個邊，再分割成5片14×10cm，並在麵糰的中心放巧克力。

3. 折成三折，邊端朝下放在鋁杯（10號）上。以18～28℃發酵60～150分鐘。把烤箱預熱成200℃。

4. 等麵糰的厚度變成2倍後，塗上蛋液（材料外）。以200℃的烤箱烘烤15～20分鐘完成。

法式葡萄乾麵包

以可頌麵糰搭配卡士達醬，
包進葡萄乾的酥脆麵包。
要不要來點法式早餐？

烘焙坊的麵包

法式葡萄乾麵包

【材料】　（6個份）
※ 同P.92「可頌」
● 卡士達醬
　蛋黃 1個
　砂糖 30g
　玉米粉 10g
　牛奶 125g
葡萄乾 50g

【預先準備】
◎ 製作卡士達醬（請參照P.131），
　冷卻後用打蛋器打到軟化備用。
◎ 葡萄乾泡水10分鐘後瀝乾水分。

【作法】 ※ 進行P.92～94「可頌」的步驟**1～18**。

1. 用擀麵棍擀成25×35㎝，再放進冰箱冷藏20～30分鐘休息。

2. 切掉近身側的麵皮，再把對側延展出薄薄的1cm。在那1cm的薄片處，塗上蛋液（材料外）。

3. 塗抹卡士達醬，撒上葡萄乾。

4. 從近身側捲起，分割成6等分。

5. 把分割的面朝上，放在鋁杯（10號）上，以18～28℃發酵60～150分鐘。把烤箱預熱成190℃。

6. 等麵糰的厚度變成2倍後，塗上蛋液（材料外）。以190℃的烤箱烘烤18～20分鐘完成。

法式蘋果派

「Chausson」是法文的拖鞋。
在表面畫圖案時，請畫上平緩的曲線。

烘焙坊的麵包

法式蘋果派

【材料】 （6個份）

※ 同P.92「可頌」＋以下材料

● 蘋果內餡

蘋果（紅玉）	1～2顆
砂糖	1～2大匙

【預先準備】

◎ 製作蘋果內餡

1. 蘋果削皮後去除果核，切成12等分。

2. 在鍋中放入蘋果和砂糖，煮到塊狀的蘋果稍微有點軟爛為止。

【作法】 ※ 進行P.92～94「可頌」的步驟**1**～**18**。

1. 用擀麵棍擀開成15×52㎝，放進冰箱冷藏休息20～30分鐘。

2. 切掉四個邊，再分割成5片15×10㎝。在四個角落各切掉三角形。

3. 在麵糰的周圍塗上蛋液（材料外），從中心往下放置蘋果的內餡。

4. 對折麵糰，讓上層的麵糰稍微凸出，再塗上蛋液（材料外）。

5. 劃入切口，再放在鋁杯（10號）上。以18～28℃發酵60～150分鐘。把烤箱預熱成190℃。

6. 等麵糰的厚度變成2倍後，以180℃的烤箱烘烤15～18分鐘完成。

丹麥麵包

介紹6種整形方式。製作時請選擇1~3種。

【材料】 （6個份）

※ 同P.92「可頌」＋以下材料

● 卡士達醬 （容易製作的份量）

蛋黃	1個
砂糖	30g
玉米粉	10g
牛奶	100g

● 杏仁奶油餡 （容易製作的份量）

奶油	25g
砂糖	25g
雞蛋	25g
低筋麵粉	5g
杏仁粉	25g

草莓、藍莓、鳳梨、
杏桃、黑櫻桃、
糖漬栗子、栗子奶油
維也納香腸
杏桃果醬

【預先準備】

◎ 製作卡士達醬（請參照P.131），冷卻後用打蛋
　器打到軟化，再裝進擠花袋備用。

◎ 製作杏仁奶油餡

　1. 把放在室溫下回溫的奶油和砂糖放進調理
　　盆，用攪拌機拌至變白。

　2. 分次加入蛋液，每次加入都要攪拌均勻。

　3. 加入過篩的低筋麵粉、杏仁粉，切拌混合。

◎ 製作杏桃果醬

　1. 在杏桃果醬混合少量熱開水，使果醬軟化。

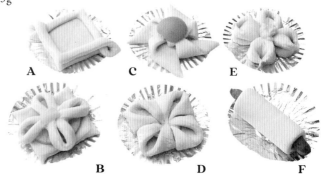

A　　C　　E

B　　D　　F

A. 草莓和藍莓

【作法】
※ 進行P.92～94「可頌」的步驟**1～18**。

1. 用擀麵棍擀開成32×22cm，放進冰箱冷藏休息20～30分鐘。
2. 切掉四個邊，再分割成6片10×10cm。
3. 整形
   A ① 折成三角形，再把不成圓圈的兩側切成寬1cm。不要切掉直角的部分。
   ② 攤開麵糰，把切好的麵糰交叉放在相反側，接著再放上鋁杯（10號）。
   B ① 折成三角形，再把不成圓圈的兩側以1cm寬度切到靠近中心為止。攤開麵糰，往其他方向折成三角形，以同樣方式製作。

B. 鳳梨

   ② 攤開麵糰，中心先放上卡士達和鳳梨（切1cm縮小體積）。
   ③ 把切過的麵糰朝中心折疊，確實按壓中心。
   ④ 把剩下的1cm鳳梨放在中心，再放上鋁杯（10號）。
   C ① 從四個角落往中心劃入3cm切口。
   ② 把一個角落往中心折，再輕壓中心。
   ③ 塗上蛋液（材料外），再擠上卡士達醬。放上杏桃。
   D ① 從四個角落往中心劃入3cm切口。
   ② 在中心放上卡士達醬和杏仁奶油餡。
   ③ 把每個切過的麵糰兩端，朝中心折並捏合，再放上黑櫻桃。

C. 杏桃

   E ① 從邊的正中央往中心劃入3cm切口。
   ② 把四個角落往中心對折，再輕壓。
   ③ 把折過的麵糰兩端向外側對齊並捏合。
   ④ 在中心放上卡士達醬。
   F ① 把蛋液（材料外）塗在麵糰的深處1cm，在中心稍微往上的地方放維也納香腸。
   ② 從近身側開始捲起，把折疊收口處朝下。
6. 以18～28℃發酵60～150分鐘。以200℃預熱烤箱。
7. 等麵糰的厚度變成2倍後，塗上蛋液（材料外）。以200℃的烤箱烘烤10分鐘，再降溫成180℃，烘烤5分鐘完成。

D. 黑櫻桃

8. 最後加工
   A ① 擠上卡士達醬，再放上草莓和藍莓。
   ② 塗刷杏桃果醬。
   B 塗刷杏桃果醬。
   C 塗刷杏桃果醬。
   D 塗刷杏桃果醬。
   E ① 混合卡士達醬和栗子奶油，再裝進星型花嘴的擠花袋中。
   ② 從中心擠上①，再把糖漬栗子放在上面。

E. 栗子

F. 維也納香腸捲

布里歐

用大量蛋和奶油製成的奢華麵包。
不同外形有不同名稱。

尖形布里歐

上酥下潤，可以品嘗兩種不同的口感。

【材料】（7×底部3×3cm的布里歐烤模8個份）

鷹牌高筋麵粉	120g
發酵麵糰	55g
速發乾酵母	2.5g
砂糖	20g
鹽	2g
雞蛋	80g
奶油	100g

【預先準備】
◎ 在布里歐烤模塗上奶油。

【作法】 ※ 先進行P.12～13直接法的「揉麵」步驟1～7、11（分2次加入奶油），再放進冰箱冷藏1小時。

1. 分割成8個47g麵糰，再確實滾圓。包上保鮮膜，擺放休息10分鐘。

2. 用力拿緊收口處，並把手持的位置放在麵糰的側邊。

3. 在慣用手的小指側邊沾上手粉，再把手放在麵糰1/3處。

4. 把手和麵糰往同方向滾動，做出凹痕。

5. 收口處朝下放進烤模，把手指彎成像魚鉤的樣子，提起外側的麵糰（從側邊看起來約冒出頭5mm）。以35℃發酵35分鐘。以180℃預熱烤箱。

6. 塗上蛋液（材料外），以170℃的烤箱烘烤15分鐘完成。

楠泰爾布里歐

在巴黎附近的楠泰爾誕生的布里歐。
很適合搭配肉醬。

【材料】 （8×18×6cm的磅蛋糕模1個份）
同P.105「尖形布里歐」

【預先準備】
◎ 在磅蛋糕模塗上奶油（材料外）。

烘焙坊的麵包

【作法】 ※先進行P.12～13直接法的「揉麵」步驟1～7、11（分2次加入奶油），再放進冰箱冷藏1小時。

1. 分割成8個47g麵糰，再確實滾圓。包上保鮮膜，擺放休息10分鐘。

2. 確實重新滾圓。在中心放進4個麵糰。

3. 用手壓麵糰並在邊端各放進2個麵糰。以35℃發酵35分鐘。以180℃預熱烤箱。

4. 塗上蛋液（材料外），以170℃的烤箱烘烤23分鐘完成。

熔岩巧克力蛋糕風巧克力布里歐

想品嘗類似熔岩巧克力蛋糕的麵包而誕生的食譜。

【材料】 （7×3cm的瑪芬模6個份）

鷹牌高筋麵粉	150g
可可粉	15g
速發乾酵母	3g
砂糖	20g
鹽	2.7g
雞蛋	100g
奶油	50g
● 甘納許	
巧克力	55g
鮮奶油（乳脂肪含量35%）	30g

【預先準備】 ◎ 製作甘納許

1. 把鮮奶油加熱到即將沸騰，再加入切碎的巧克力。

2. 放置一段時間，用打蛋器從中心拌合。呈現光澤後，移到方形盤上。

3. 等凝固後，分割成6等分。

◎ 在瑪芬模鋪上玻璃紙（8號）。沒有玻璃紙的話，塗上奶油（材料外）。

【作法】 ◎先進行P.12～13直接法的「揉麵」步驟**1～7**（分2次加入奶油）、**11**，再以28℃～30℃發酵60分鐘。

1. 等麵糰發酵成1.5倍大後排氣，分割成6個55g麵糰，再滾圓。包上保鮮膜，擺放休息10分鐘。

2. 把收口處朝上，攤開麵糰，包進甘納許。

3. 收口處朝下放進瑪芬模，以35℃發酵35分鐘。以180℃預熱烤箱。以180℃的烤箱烘烤12分鐘，再降溫成160℃烘烤5分鐘完成。

柳橙布里歐

利用熬煮過的柳橙汁增添風味！

【材料】（6.5×4.5cm的瑪芬模6個份）

利斯朵中筋麵粉·················175g
發酵麵糰·····················35g
速發乾酵母····················3g
砂糖························12g
蜂蜜························8g
鹽·························3g
雞蛋·······················55g
柳橙汁······················30g
奶油························65g
橙皮························65g

【預先準備】

◎ 把60g柳橙汁熬煮收汁成30g備用。

【作法】 ※ 先進行P.12～13直接法的「揉麵」步驟**1**～**7**（分2次加入奶油）。

1. 攤開麵糰，把3/4的橙皮攤開在一半的麵糰上。剩下沒有配料的麵糰，蓋在上面。

2. 把剩下的橙皮放在半邊的麵糰上，再剩下沒有配料的麵糰蓋在上面。

3. 用刮板分割麵糰重疊，並重複此動作幾次，混入材料。滾圓後放進冰箱冷藏1小時。

4. 等麵糰發酵成1.5倍大後，分割成6個75g麵糰，再滾圓。包上保鮮膜，擺放休息10分鐘。

5. 重新滾圓，把收口處朝下放進瑪芬杯中。以35℃發酵60分鐘。以180℃預熱烤箱。

6. 塗上蛋液（材料外），以180℃的烤箱烘烤10分鐘，再降溫成170℃烘烤10分鐘完成。

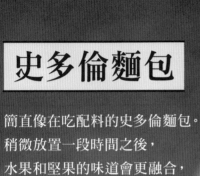

史多倫麵包

簡直像在吃配料的史多倫麵包。
稍微放置一段時間之後，
水果和堅果的味道會更融合，
每次品嘗的風味都有所不同。

史多倫麵包

【材料】（18cm 1條份）

● 中種

鷹牌高筋麵粉	35g
蜂蜜	8g
速發乾酵母	2g
牛奶	35g

● 打發奶油

奶油	45g
精製白砂糖	25〜30g
鹽	1g

● 主麵糰

鷹牌高筋麵粉	55g
可可粉	8g
速發乾酵母	1g
中種	全部
打發奶油	全部
酒漬水果和堅果	160g
巧克力（孟加里）	40g
奶油	20g
糖粉	適量

● 酒漬水果和堅果

（容易製作的份量）

杏桃乾	30g
無花果乾	30g
蘇丹娜葡萄乾	60g
橙皮	20g
櫻桃乾	10g
核桃	40g
杏仁	40g
紅酒	35g
白蘭地	35g

【預先準備】

◎ 把45g奶油放在室溫中回溫。

◎ 製作酒漬水果和堅果（1個月前開始製作）。

1. 堅果類用160℃的烤箱烤10分鐘。杏桃和無花果切成寬1.5cm的塊狀。

2. 把所有材料放進塑膠袋，密封避免空氣進入。

3. 壓平，每天交換上下位置一次，持續兩星期讓酒漬入味。使用時用濾杓撈起，去除水分後秤重。

◎ 巧克力切成1.5cm。

◎ 先融化20g奶油備用。

【作法】

1. 混合中種的材料，在檯面上摩擦揉麵直到出現些微麵筋。以28℃〜30℃發酵30分鐘。

2. 把打發奶油的材料放進調理盆，用手持式攪拌棒把奶油的顏色打到變白。放進冰箱冷藏直到即將使用以前。

3. 把除了配料以外的主麵糰材料，在檯面上摩擦揉麵混合。

100g　剩下的麵糰

4. 混合至稍微有點彈性，分割成100g和剩下的麵糰。

剩下的麵糰

100g

5. 把剩下的麵糰混合酒漬水果和堅果,以及切塊的巧克力。

6. 把每個麵糰滾圓,製成厚度約1.5cm,放進冰箱冷藏30分鐘備用。

7. 以190℃預熱烤箱。把加了配料的麵糰對折,製成高4.5×寬16×上底2.5×下底4cm。

8. 把撒了大量手粉的100g麵糰延展成13×17cm。沾太多手粉時,用刷子掃掉。

9. 把步驟7的底放在近身側1cm,朝向自己的方向,用刮板一邊刮起一邊捲起。

10. 把折疊收口處朝下,一邊延展麵糰一邊收口兩側。

11. 底部呈現包好麵糰有空隙的狀態。

12. 輕輕用手按壓,放在烘焙紙上。放冰箱冷藏休息10分鐘。以180℃的烤箱烘烤30分鐘。

13. 暫時從烤箱取出,並避免讓麵糰直接接觸烤盤(例如可以移到網架或在烘焙紙與烤盤之間放進紙板),再繼續烘烤10分鐘。

14. 降溫至150℃烘烤20分鐘完成。烤好後立刻用毛刷刷上大量融化的奶油。

15. 放進冰箱冷藏或冷凍庫休息,待完全冷卻後,過篩撒上大量糖粉。

111

國王餅

用布里歐麵糰製作，
是基督教新年活動、主顯節食用的發酵點心。

國王餅

【材料】 （17cm 1個份）

鷹牌高筋麵粉 180g	葡萄乾 60g
杏仁粉 25g	橙皮 20g
發酵麵糰 35g	櫻桃乾 6粒
速發乾酵母 2g	杏桃果醬 適量
砂糖 15g	比利時珍珠糖 適量
鹽 3.6g	
牛奶 75g	
雞蛋 50g	
奶油 55g	

【預先準備】

◎ 葡萄乾泡水10分鐘後，瀝乾水分。

◎ 把3粒櫻桃乾（配料）切成5mm塊狀，剩下裝飾用的剖半。

◎ 製作杏桃果醬。在杏桃果醬混合少量熱開水，使果醬軟化。

【作法】

※ 先進行P.12～13直接法的「揉麵」步驟**1～7**（分2次加入奶油），取出120g麵糰，剩下的混進配料。滾圓每個麵糰，放進冰箱冷藏4小時備用。

1. 把加了配料的麵糰收口處朝下，輕輕整平後，在正中央開一個5～6cm的洞。

2. 把120g麵糰用擀麵棍擀開，擀成可以包進步驟1的大小，然後在中心開孔。

3. 把步驟1的收口處放在上面，用步驟2的麵糰包裹收口。

4. 收口處朝下，放在烘焙紙上。以28℃～30℃發酵50分鐘。

5. 塗上大量蛋液（材料外）。

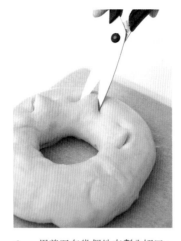

6. 用剪刀在幾個地方劃入切口。
以170℃的烤箱烘烤20分鐘，再
降溫成160℃烘烤至上色為止。

7. 冷卻後塗刷杏桃果醬。

8. 底部側面添加比利時珍珠糖。

9. 在頂部放上剖半的櫻桃乾。

Point

如何放進小瓷偶*

在塗刷杏桃果醬之前，可
以在深處劃入切口埋入小
瓷偶。

＊譯註：法國習俗，吃到小
瓷偶的人代表很幸運。

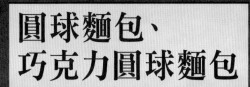

圓球麵包、
巧克力圓球麵包

法文「Boule」是球的意思，
指烤成圓球形的麵包。

115

圓球麵包

【材料】 （22cm 1個份）

鷹牌高筋麵粉⋯⋯⋯⋯⋯⋯⋯⋯⋯140g

利斯朵中筋麵粉⋯⋯⋯⋯⋯⋯⋯60g

速發乾酵母⋯⋯⋯⋯⋯⋯⋯⋯⋯0.5g

鹽⋯⋯⋯⋯⋯⋯⋯⋯⋯⋯⋯⋯⋯3.6g

水⋯⋯⋯⋯⋯⋯⋯⋯⋯⋯⋯⋯⋯150g

【預先準備】

◎ 在15cm的調理盆蓋上抹布，過篩撒上大量手粉。

【作法】 ※先進行P.12～13直接法的「揉麵」步驟**1～6**、**11**，再以28℃～30℃發酵40分鐘。

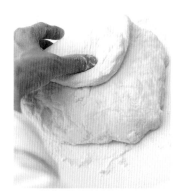

1. 把收口處放在工作台上，用手掌輕輕壓平。

2. 把左手拇指放在中心處，折疊正面的麵糰，再用拇指的指尖輕輕按壓。

3. 逆時針旋轉麵糰，重複折疊正面的麵糰並輕壓的動作。

4. 做一圈之後，確實收口集中的麵糰。

5. 把收口處朝上，輕輕放在蓋了抹布的調理盆上。以35℃發酵35分鐘。把烤盤放進烤箱，以最高溫度預熱。

6. 移到烘焙紙上，劃入割紋。在烤箱添加蒸氣，以最高溫烤5分鐘，再把烘焙紙取下，以230℃烘烤20分鐘完成。

巧克力圓球麵包

【材料】（23cm 1個份）

		●燉紅酒	
利斯朵中筋麵粉	180g	無花果乾	30g
鷹牌高筋麵粉	20g	蔓越莓乾	20g
可可粉	18g	橙皮	15g
巧克力	15g	杏仁	20g
速發乾酵母	0.2g	紅酒	25g
鹽	3.8g		
葡萄乾酵母	50g		
水	120g		
礦翠Contrex天然礦泉水	15g		

【預先準備】

◎ 製作燉紅酒

　1. 把無花果切成1.5cm，用160℃的烤箱烤杏仁10分鐘。

　2. 把所有燉紅酒材料放進鍋中，以小火加熱，等熬煮到水分幾乎收乾後，放涼冷卻。

◎ 在15cm的調理盆蓋上抹布，過篩撒上大量手粉。

【作法】

1. 把配料以外的材料放進保鮮盒，用橡皮刮刀攪拌到沒有粉粒。分開取出130g麵糰，把配料加入剩下的麵糰中，再繼續旋轉保鮮盒7～8次，並延展麵糰。放在室溫中20分鐘。

2. 用橡皮刮刀延展每個麵糰5～6次，一邊旋轉保鮮盒一邊延展。之後同樣再重複2次（排氣合計3次）。

3. 放在室溫中直到麵糰變成1.8倍大，再放進冰箱冷藏。在室溫與冰箱中，合計放置17～24小時（請參照P.41「多加水的揉麵」）。

4. 配料加入麵糰，依照P.116「圓球麵包」的步驟**1**～**4**滾圓。

5. 撒了大量手粉後，把130g麵糰放在上面，再用擀麵棍擀成比步驟**1**還大一圈。

6. 把步驟**4**的麵糰收口處朝上放置，用步驟**5**的麵糰包起來確實收口。

7. 把收口處朝上，輕輕放在蓋著抹布的調理盆上，以35℃發酵50分鐘。把烤盤放進烤箱，以最高溫度預熱。

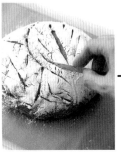

8. 移到烘焙紙上，劃入葉子形狀的割紋。在烤箱添加蒸氣，以最高溫烤5分鐘，再把烘焙紙取下，以230℃烘烤20分鐘完成。

普羅旺斯葉子麵包

整形成葉子的形狀，起源於普羅旺斯地區的麵包。

【材料】（22cm 1個份）

利斯朵中筋麵粉 ……………… 180g
速發乾酵母 ……………………… 1g
鹽 ………………………………… 3g
水 ……………………………… 100g
橄欖油 ………………………… 10g
生火腿 ………………………… 20g
綠橄欖 ………………………… 4粒
剖半番茄乾 …………………… 15g
迷迭香 ………………………… 適量
披薩用起司 …………………… 20g

【預先準備】

◎ 把生火腿切成寬2cm，剁碎綠橄欖。
◎ 把小番茄剖半，去籽後用110℃的烤箱烘烤30分鐘完成。

【作法】

※ 先進行P.12～13直接法的「揉麵」步驟**1～6**、**11**，再以28℃～30℃發酵1小時。

1. 等麵糰發酵成2倍大後，用擀麵棍擀成40×20cm，在一半的麵糰撒上配料（**a**）。

2. 剝下沒有撒上配料的麵糰，蓋在上面。然後用擀麵棍輕輕整平（**b**）。

3. 用刮板隨意劃入切口，再移到烘焙紙上（**c**）。

4. 擴大切口（**d**）。以35℃發酵30分鐘。以240℃預熱烤箱。

5. 以240℃的烤箱烘烤10分鐘完成。

a

b
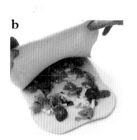

c
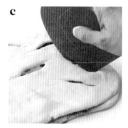

d

芬蘭折耳麵包捲

比較常見的名稱是
「芬蘭風肉桂捲」。

芬蘭折耳麵包捲

【材料】 （5個份）

利斯朵中筋麵粉	160g	雞蛋	25g
速發乾酵母	3g	水	60g
鹽	2.5g	奶油	30g
砂糖	18g	肉桂	5～6g
脫脂奶粉	6g	精製白砂糖	8～10g
小荳蔻粉	3g	比利時珍珠糖	適量

【作法】 ※先進行P.12～13直接法的「揉麵」步驟**1～6**、**11**，再以28℃～30℃發酵40分鐘。

烘焙坊的麵包

1. 等麵糰發酵成2倍大後排氣，再製成圓筒狀麵糰。包上保鮮膜，擺放休息15分鐘。

2. 把收口處朝上，用擀麵棍擀開成30×35cm。

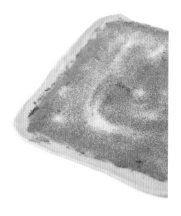

3. 在對側留下1cm，撒上肉桂和精製白砂糖。

4. 從近身側捲起，收合收口處。

5. 把兩側切掉，再分割成5等分。

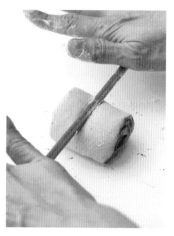

6. 收口處朝下，把沾了手粉的料理長筷放在麵糰的中心。

7. 向下推壓的同時前後移動。

8. 放在烘焙紙上，以35℃發酵30分鐘。以190℃預熱烤箱。

9. 塗上蛋液。

10. 撒上比利時珍珠糖。以190℃的烤箱烘烤12分鐘完成。

烘
焙
坊
的
麵
包

5種創意延伸麵包

能夠享用添加大量配料的麵包，
也是親手製作麵包的一大樂趣。

蔓越莓起司麵包

溢出的起司有點燒焦的地方最棒了！

【材料】 （6個份）

利斯朵中筋麵粉	160g
速發乾酵母	2g
鹽	2.8g
水	105g
蔓越莓乾	40g
奶油乳酪	50g

【預先準備】

◎ 把蔓越莓乾泡水10分鐘，再瀝乾水分。

【作法】 ※先進行P.12～13直接法的「揉麵」步驟**1～6、8～11**，再以28℃～30℃發酵1小時。

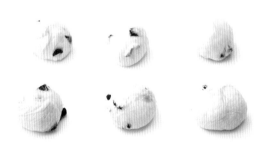

1. 等麵糰發酵成2倍大後，分割成6個50g麵糰，再滾圓。包上保鮮膜，擺放休息10分鐘。

2. 把收口處朝上，攤開麵糰，包進奶油乳酪。

3. 把收口處朝下，放在烘焙紙上。以35℃發酵45分鐘。以250℃預熱烤箱。

4. 用剪刀劃入十字切口。添加蒸氣，以220℃的烤箱烘烤8分鐘完成。

黑醋栗巧克力麵包

請小心如果割紋劃得太深，巧克力就會燒焦。

【材料】（22cm 2條份）

利斯朵中筋麵粉 ················ 80g
鷹牌高筋麵粉 ················ 80g
裸麥粉 ················ 20g
速發乾酵母 ················ 0.5g
鹽 ················ 3.2g
水 ················ 145g
黑醋栗乾 ················ 80g
紅酒 ················ 40g
巧克力 ················ 30g

【預先準備】

◎ 把黑醋栗和紅酒放進鍋中，以小火加熱，煮到鍋底剩下薄薄一層水為止，再放涼冷卻。

◎ 巧克力切成5mm塊狀。

【作法】

1. 把配料以外的材料放進保鮮盒中，用橡皮刮刀攪拌至沒有粉粒。加入用紅酒煮過的黑醋栗，繼續一邊旋轉保鮮盒，一邊抬起麵糰7～8次。

2. 放在室溫中20分鐘後，用橡皮刮刀延展麵糰5～6次，旋轉保鮮盒操作。之後再重複2次。

3. 放在室溫中直到麵糰變成1.8倍大，再放進冰箱冷藏。在室溫與冰箱中，合計放置17～24小時（請參照P.41）。

4. 分割成2個215g麵糰，再從近身側寬鬆地折捲。

5. 把折疊收口處朝上，用手掌攤開麵糰，放上1/2巧克力（**a**）。

6. 從近身側折1/3，再從對側稍微重疊地折疊麵糰（**b**）。

7. 放上剩下的巧克力，從對側向內對折麵糰，並由右至左收口（**c**）。

8. 放在麵糰發酵布上，以35℃發酵40分鐘。把烤盤放進烤箱，以240℃預熱。

9. 移到烘焙紙上，過篩撒上手粉，劃入3條割紋（**d**）。以210℃的烤箱烘烤15分鐘完成。

a

b

c

d

焦糖綜合水果麵包

焦糖醬和冷水混合就會凝固。
請先加熱半量的水和焦糖醬混合，
再混合剩下的水。

【材料】 （8×18×6cm的磅蛋糕模1個份）

鷹牌高筋麵粉	200g
速發乾酵母	2g
鹽	3.6g
焦糖醬	30g
水	70g
牛奶	60g
奶油	30g
蘭姆酒漬葡萄乾	50g
橙皮	20g
檸檬皮	20g

【預先準備】

◎ 製作焦糖醬（容易製作的份量）

　　1. 在鍋中放入100g精製白砂糖，開火加熱。

　　2. 等顏色變成較深的焦糖色後，加入40g熱開水，仔細拌合。

◎ 在磅蛋糕模塗上奶油（材料外）。

【作法】

※ 先進行P.12～13直接法的「揉麵」步驟1～11，再以28℃～30℃發酵1小時。

1. 等發酵成1.8倍大後排氣，再從近身側寬鬆地折捲。包上保鮮膜，擺放休息10分鐘。

2. 把折疊收口處朝上，用手掌整平。從麵糰的近身側折1/3，再從對側折麵糰，稍微與另一側重疊（**a**）。

3. 從對側向內對折麵糰，並由右至左收口。（**b**）。

4. 把麵糰延展至和磅蛋糕模同樣的長度，收口處朝下放進烤模（**c**）。以35℃發酵40分鐘。以200℃預熱烤箱。

5. 等麵糰發酵至烤模的高度後，塗上蛋液（材料外），從中心用剪刀寫「人」字剪開（**d**）。

6. 以190℃的烤箱烘烤22分鐘完成。

a　　　　　　b　　　　　　c　　　　　　d

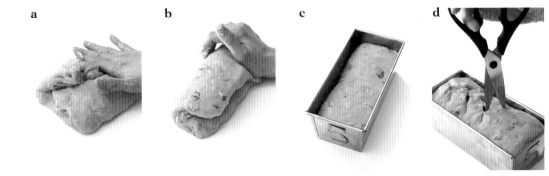

芝麻甜地瓜麵包

可以用烤地瓜代替地瓜甘露煮。

【材料】（18cm 2條份）

鷹牌高筋麵粉······················150g
發酵麵糰····························30g
速發乾酵母··························1g
砂糖·······························10g
鹽·································2.5g
水·································105g
黑芝麻······························8g
● 地瓜甘露煮
　地瓜·······························100g
　砂糖·····························1大匙

【預先準備】
◎ 製作地瓜甘露煮
　1. 洗淨地瓜，切成不到1cm的丁狀再泡水。
　2. 放進鍋中加入淹過材料的水量，開火加熱。煮滾後瀝乾湯汁。
　3. 加入淹過材料的水量和砂糖，以中火加熱。煮到變軟，水分消失後，撈到方形盤上冷卻。

【作法】

1. 先進行P.12～13直接法的「揉麵」步驟1～6，再把麵糰攤開，包進黑芝麻成茶巾狀。延展麵糰反覆對折，混合黑芝麻（**a**・**b**）。

2. 以28℃～30℃發酵30分鐘。

3. 左右延展麵糰，旋轉90度，再同樣左右延展麵糰（排氣）。繼續發酵30分鐘。

4. 等麵糰發酵成1.6倍大後，分割成2個150g麵糰，再製成圓筒狀。包上保鮮膜，放置10分鐘。

5. 用手掌延展麵糰，撒上2/3地瓜甘露煮。從近身側把麵糰折成三折（**c**）。

6. 在中心撒上剩下的甘露煮，一邊對折，一邊由右至左收口（**d**）。放在麵糰發酵布上，以35℃發酵40分鐘。把烤盤放進烤箱，以最高溫度預熱。

7. 移到烘焙紙上，劃入細割紋。在烤箱添加蒸氣，以最高溫烘烤5分鐘，再以230℃烘烤10分鐘完成。

a 　　b 　　c 　　d

櫻桃起司麵包

享受兩種口感的櫻桃。

【材料】（4個份）

利斯朵中筋麵粉 ………………………180g

全麥麵粉 …………………………………20g

速發乾酵母 …………………………………0.2g

鹽 ……………………………………………3.8g

水 ……………………………………………75g

櫻桃罐頭的糖漿 …………………………50g

礦翠Contrex天然礦泉水 ………………20g

櫻桃乾 ……………………………………20g

奶油乳酪 ………………………………60g

黑櫻桃（罐頭）……………………………4粒

【預先準備】

◎ 把櫻桃乾泡水10分鐘，再瀝乾水分。

◎ 擦掉黑櫻桃的水分再切半。

【作法】

1. 在保鮮盒放入材料，用橡皮刮刀攪拌到沒有粉粒。加入櫻桃乾之後，繼續旋轉保鮮盒7～8次，並延展麵糰。

2. 放在室溫中20分鐘後，用橡皮刮刀延展麵糰5～6次，旋轉保鮮盒操作。之後再重複2次。

3. 放在室溫中直到麵糰變成1.8倍大，再放進冰箱冷藏。在室溫與冰箱中，合計放置17～24小時（請參照P.41）。

4. 等麵糰變成約2倍大後，分割成4個90g麵糰（**a**）。

5. 把角落放在正前方，在麵糰的中心並排擺放奶油乳酪和櫻桃（**b**）。

6. 把正前方的麵糰各自往中心折，再確實封口。滾動整形，放在麵糰發酵布上（**c**）。以35℃發酵50分鐘。把烤盤放進烤箱，以最高溫度預熱。

7. 移到烘焙紙上，撒上手粉再劃入3條割紋（**d**）。在烤箱添加蒸氣，以210℃烘烤15分鐘完成。

a   b   c   d

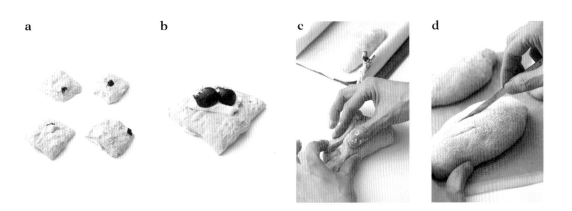

Part
3

═══

傳統麵包店的麵包
Local Bakery

克林姆麵包

確實煮過的卡士達沒有雞蛋和牛奶的腥臭，
特別美味。

傳統麵包店的麵包

克林姆麵包

【材料】（6個份）

※從P.131「克林姆麵包」～P.143「季節鮮果卡士達麵包」為止，麵糰使用的材料都一樣。

鷹牌高筋麵粉	160g
速發乾酵母	3g
砂糖	18g
鹽	2.8g
脫脂奶粉	8g
水	80g
雞蛋	25g
奶油	20g

● 卡士達醬

蛋黃	2個
砂糖	45g
玉米粉	18g
牛奶	200g
奶油	10g

【預先準備】

◎ 製作卡士達醬

1. 在鍋中放入牛奶，加熱到即將沸騰為止。
2. 在調理盆加入蛋黃，用打蛋器打散，再加入砂糖，混拌至變白為止（**a**）。
3. 加入玉米粉，攪拌至沒有粉粒。
4. 加入1/3加熱過的牛奶拌合，再加入剩下的牛奶。
5. 倒回鍋中以中火加熱，用橡皮刮刀確實拌合。
6. 煮沸後過3分鐘再關火（**b**）。
7. 加入奶油拌合整體，再移到調理盆。
8. 包上保鮮膜，浸泡在冰水中急速冷卻（**c**）。
9. 待冷卻後用打蛋器把麵糰打軟。

a 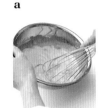　**b** 　**c**

【作法】

1.  確實混合奶油以外的材料，混合至沒有粉粒，取出放在工作台上。

2.  在檯面上摩擦搓揉麵糰，反覆「來回揉麵」直到結成一塊。

3.  一邊用力，一邊用左手往右斜上方滾動，滾過去再滾回來。用右手朝左斜上方同樣操作。重複此動作直到麵糰的表面變光滑，形成有彈性的麵筋。

 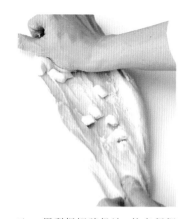 

4. 檢查麵筋。試著延展麵糰，如果會立刻破裂就要再繼續滾動揉麵。

5. 用刮板切碎奶油，放在麵糰上，然後在檯面上摩擦麵糰混進奶油。
※奶油請放冰箱冷藏。

6. 滾圓麵糰，放進調理盆。以28℃～30℃發酵40分鐘。

7. 等麵糰發酵成2倍大後排氣，分割成6個50g麵糰，再滾圓。包上保鮮膜，擺放10分鐘。

8. 把麵糰的收口處朝上，攤開成手掌大小，包進卡士達醬。

9. 用手掌輕壓。以35℃發酵30分鐘。以180℃預熱烤箱。

10. 用毛刷塗上蛋液（材料外），再用剪刀劃入十字切口。以180℃的烤箱烘烤10分鐘完成。

傳統麵包店的麵包

巧克力螺旋麵包

要做出漂亮的山形，
請注意在捲上烤模時，
避免過度拉扯麵糰。

巧克力螺旋麵包

【材料】（6個份）

※從P.131「克林姆麵包」～P.143「季節鮮果卡士達麵包」為止，麵糰使用的材料都一樣。

鷹牌高筋麵粉 ……………………… 160g
速發乾酵母 ……………………………… 3g
砂糖 …………………………………… 18g
鹽 …………………………………… 2.8g
脫脂奶粉 ………………………………… 8g
水 …………………………………… 80g
雞蛋 …………………………………… 25g
奶油 …………………………………… 20g
● 巧克力奶油
　蛋黃 …………………………………… 2個
　砂糖 …………………………………… 45g
　玉米粉 ………………………………… 18g
　牛奶 ………………………………… 200g
　巧克力 ………………………………… 50g

【預先準備】

◎ 製作巧克力奶油

先進行P.131「卡士達醬」的作法到步驟**6**為止。

7. 加入切碎的巧克力，把卡士達醬蓋在巧克力上，放置3分鐘。

8. 把巧克力混進整體中，再移到另一個調理盆。包上保鮮膜，浸泡在冰水中急速冷卻。

9. 待冷卻後用打蛋器把麵糰打軟，再裝進擠花袋。

◎ 用裁剪成10×12cm的烘焙紙包住螺旋麵包烤模。

【作法】 ※ 先進行P.131「克林姆麵包」的步驟**1**～**6**，再滾圓麵糰，以28℃～30℃發酵40分鐘。

1. 等麵糰發酵成2倍大後排氣，再分割成6個50g麵糰，然後滾圓。包上保鮮膜，擺放休息10分鐘。

2. 收口處朝上排氣，從近身側捲起。剩下的麵糰也以同樣方式施作。

3. 用雙手滾動麵糰延展成約20cm。剩下的麵糰也以同樣方式施作。

4. 把單邊的麵糰稍微搓細,延展至45cm。

5. 把麵糰較細的部分貼在螺旋麵包烤模的尖端,重疊麵糰包捲在烤模上。

6. 捲4~5圈後,壓扁折疊收口處連接到麵糰上。

7. 把折疊收口處朝下,放在烘焙紙上。以35℃發酵30分鐘。以180℃預熱烤箱。

8. 用毛刷塗上蛋液(材料外),再以180℃的烤箱烘烤10分鐘。

9. 烤好後脫模。待冷卻後,擠進巧克力奶油。

Point

如果沒有螺旋麵包烤模

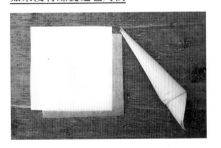

如果沒有螺旋麵包烤模,可以把厚紙和烘焙紙裁剪成13×13cm的大小,重疊後用訂書機固定,製成直徑2cm的圓錐狀。

紅豆麵包

紅豆泥、顆粒紅豆餡、鶯餡、白豆沙餡，享受各式各樣豆沙餡吧。

【材料】（6個份）

鷹牌高筋麵粉	160g
速發乾酵母	3g
砂糖	18g
鹽	2.8g
脫脂奶粉	8g
水	80g
雞蛋	25g
奶油	20g
紅豆沙	240g
罌粟籽	適量

【作法】

※ 先進行P.131「克林姆麵包」的步驟**1～6**，再把麵糰滾圓，以28℃～30℃發酵40分鐘。

1. 等麵糰發酵成2倍大後排氣，再分割成6個50g麵糰，然後滾圓。包上保鮮膜，擺放休息10分鐘。

2. 把麵糰的收口處朝上，攤開成手掌大小，包進紅豆沙（**a**）。

3. 用手掌輕壓（**b**）。

4. 以35℃發酵30分鐘。以180℃預熱烤箱。

5. 用毛刷塗上蛋液（材料外），再用沾了蛋液的擀麵棍抹上罌粟籽。

6. 輕輕按壓麵糰，抹上罌粟籽（**c→d**）。以180℃的烤箱烘烤10分鐘完成。

a

b
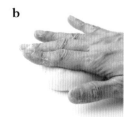

c
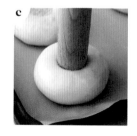

d
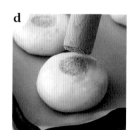

果醬麵包

除了喜歡的果醬，也可以用巧克力奶油、花生抹醬製作。

【材料】（6個份）

鷹牌高筋麵粉	160g
速發乾酵母	3g
砂糖	18g
脫脂奶粉	8g
鹽	2.8g
水	80g
雞蛋	25g
奶油	20g
喜歡的果醬	100g
玉米粉	15g

【預先準備】

◎ 製作果醬

在鍋中放入半量果醬和玉米粉，用橡皮刮刀確實拌合，以免結塊。加入剩下的果醬，以小火加熱。一邊拌合一邊煮到出現黏性，再從火爐移開冷卻。

【作法】

※ 先進行P.131「克林姆麵包」的步驟**1～6**，再把麵糰滾圓，以28℃～30℃發酵40分鐘。

1. 等麵糰發酵成2倍大後排氣，再分割成6個50g麵糰，然後滾圓。包上保鮮膜，擺放休息10分鐘。

2. 用擀麵棍延展麵糰，垂直塗上果醬再對折（**a**）。

3. 確實收口接合處，把接合處朝上壓扁，製成樹葉的形狀（**b**）。剩下的麵糰也以同樣方式施作。

4. 用擀麵棍擀成20×7cm，在中心劃入3～5條切口。

5. 從近身側斜向捲起，以左側為中心逆時針捲一圈（**c**）。

6. 把右側的麵糰和左側的麵糰稍微重疊，從下往上穿過麵糰，放在鋁杯（8號）上。以35℃發酵30分鐘。以180℃預熱烤箱。

7. 用毛刷塗上蛋液（材料外）（**d**），以180℃的烤箱烘烤10分鐘完成。

a
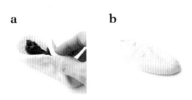

b

c

d

菠蘿麵包

只有製作的人才能享受到，
酥酥脆脆有如哈密瓜紋路的餅乾麵糰！！

傳統麵包店的麵包

菠蘿麵包

【材料】 （6個份）

鷹牌高筋麵粉	160g	● 餅乾麵糰	
速發乾酵母	3g	奶油	25g
砂糖	18g	砂糖	45g
鹽	2.8g	雞蛋	25g
脫脂奶粉	8g	低筋麵粉	85g
水	80g	檸檬汁	4g
雞蛋	25g	檸檬泥	1/2顆份
奶油	20g	精製白砂糖	適量

【預先準備】 ◎ 製作餅乾麵糰。

1. 把放在室溫中回溫的奶油放進調理盆中，用攪拌機打軟。加入砂糖仔細拌合。

2. 分次加入蛋液，每次加入都要攪拌均勻。

3. 分2次加入已過篩的粉，每次加入用橡皮刮刀攪拌均勻。

4. 加入檸檬汁和檸檬泥，再切拌混合。

5. 移到保鮮膜上整平，放冰箱冷藏休息3小時。

6. 用擀麵棍擀薄延展，用8cm的圓形烤模鏤空6片麵糰。放在保鮮膜上，在使用之前放進冰箱冷藏或冷凍備用。

【作法】 ※ 先進行P.131「克林姆麵包」的步驟**1～6**，再滾圓麵糰，以28℃～30℃發酵40分鐘。

（先進行P.131「克林姆麵包」的步驟1～6）

1. 等麵糰發酵成2倍大後排氣，再分割成6個50g麵糰，然後收緊滾圓。包上保鮮膜，擺放休息10分鐘。

2. 重新滾圓麵糰，把餅乾麵糰放在上面。

3. 輕輕包在麵糰上。

傳統麵包店的麵包

4. 餅乾麵糰沾上精製白砂糖。

5. 用刮板的圓形處畫上紋路。

6. 以28℃發酵40分鐘。以170℃預熱烤箱。以170℃的烤箱烘烤10分鐘，再降溫成150℃，繼續烘烤10分鐘完成。

Point

沒有圓形烤模的話

可以墊著圓形紙型用剪刀裁剪。

墨西哥麵包

甜麵糰鋪在蓬鬆的麵包上，非常適合當點心。

【材料】（6個份）

鷹牌高筋麵粉	160g
速發乾酵母	3g
砂糖	18g
鹽	2.8g
脫脂奶粉	8g
水	80g
雞蛋	25g
奶油	20g

● 內餡

奶油	30g
砂糖	20g
雞蛋	30g
低筋麵粉	35g

【預先準備】

◎ 製作內餡

把放在室溫中回溫的奶油放進調理盆中，用攪拌機打軟，再加入砂糖，拌合至變白為止。分次加入蛋液，每次加入都要迅速攪拌均勻。加入已過篩的粉，用橡皮刮刀攪拌均勻，再裝進擠花袋。放進冰箱冷藏備用，直到使用前5分鐘。

【作法】

※ 先進行P.131「克林姆麵包」的步驟 **1～6**，再滾圓麵糰，以 28℃～30℃發酵40分鐘。

1. 等麵糰發酵成2倍大後排氣，分割成6個50g麵糰，再滾圓。包上保鮮膜，擺放休息10分鐘。

2. 確實重新滾圓，放在鋁杯（10號）上，用手掌輕壓。

3. 以35℃發酵30分鐘。以180℃預熱烤箱。

4. 把裝在擠花袋的內餡畫圓擠出，再用180℃的烤箱烘烤15分鐘完成。

巧克力墨西哥麵包　（6個份）

● 巧克力內餡

奶油	30g
砂糖	20g
雞蛋	30g
低筋麵粉	30g
可可粉	5g
巧克力豆	10g

◎作法和墨西哥麵包一樣。擠出內餡之後，撒上巧克力豆。

起司墨西哥麵包　（6個份）

● 起司內餡

奶油	25g
奶油乳酪	100g
砂糖	40g
蛋黃	2個
檸檬汁	2小匙
低筋麵粉	15g

◎作法和墨西哥麵包一樣。在蛋液之後加入起司內餡。

蘋果皇冠麵包

製作糖霜的時候，要一點一點地加水。糖霜淋上麵包時，則要充分鋪滿！

【材料】 （15cm的天使蛋糕模1個份）

鷹牌高筋麵粉	160g
速發乾酵母	3g
砂糖	18g
鹽	2.8g
脫脂奶粉	8g
水	80g
雞蛋	25g
奶油	20g

● 蘋果的內餡

蘋果	1/2～2/3顆
砂糖	20g
檸檬汁	少許

● 糖霜

糖粉	2大匙
水	少許

【預先準備】

◎ 在15cm的天使蛋糕模塗上奶油（材料外）。

◎ 製作蘋果的內餡。蘋果削皮後，切成8等分的大小，每一塊再切成厚度5mm的四分之一圓片。在平底鍋放入蘋果、砂糖、檸檬汁。以中火加熱，煮到軟化呈現稍微透明。

◎ 製作糖霜。把糖粉放入容器，一點一點地加入少量水，每次加入都要攪拌均勻。用湯匙舀起呈現緩慢滴落的樣子，就是完成了。

【作法】

※ 先進行P.131「克林姆麵包」的步驟**1～6**，再滾圓麵糰，以28℃～30℃發酵40分鐘。

1. 等麵糰發酵成2倍大後排氣。從近身側寬鬆地捲起，轉90度後，把折疊收口處朝上折捲成圓筒狀。包上保鮮膜，擺放15分鐘。

2. 用擀麵棍擀成20×30cm，留下裡面的1cm，其他地方撒上內餡（**a**）。

3. 從近身側折捲麵糰，再收合折疊收口處。捏合邊端，並分割成6等分（**b**）。

4. 收口麵糰的單側，把收口處朝下放進烤模。以35℃發酵20分鐘。以180℃預熱烤箱。

5. 用毛刷塗上蛋液（材料外），以180℃的烤箱烘烤15分鐘完成。

6. 烤好後脫模，待完全冷卻後淋上糖霜。

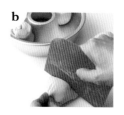

季節鮮果卡士達麵包

春天的草莓、夏天的李子、秋天的巨峰葡萄、冬天的奇異果，
一起品嘗季節鮮果和麵包。

【材料】（6個份）

鷹牌高筋麵粉 ………………………… 160g
速發乾酵母 …………………………………… 3g
砂糖 ………………………………………… 18g
鹽 ………………………………………… 2.8g
脫脂奶粉 …………………………………… 8g
水 ………………………………………… 80g
雞蛋 ……………………………………… 25g
奶油 ……………………………………… 20g
● 卡士達醬
　蛋黃 …………………………………… 1個
　砂糖 …………………………………… 23g
　玉米粉 ………………………………… 9g
　牛奶 ………………………………… 100g
草莓、巨峰葡萄、李子等水果

【預先準備】
◎ 製作卡士達醬（請參照P.131）。
◎ 水果剖半（不包括有種子的）。

【作法】

※ 先進行P.131「克林姆麵包」的步驟 **1～6**，再滾圓麵糰，以
　28℃～30℃發酵40分鐘。

1. 等麵糰發酵成2倍大後排氣，分割成6個50g麵糰，再滾圓。
　包上保鮮膜，擺放休息10分鐘。

2. 用擀麵棍擀開成10cm的圓形，放在鋁杯（8號）上（**a**）。

3. 以35℃發酵30分鐘。以180℃預熱烤箱。

4. 在麵糰的周圍用毛刷塗上蛋液（材料外），用刀子從邊端向
　內側1cm的地方，劃入數道切口（**b**）。

5. 在中心放上卡士達醬和水果，以180℃的烤箱烘烤10分鐘。

a
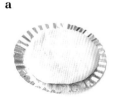

b
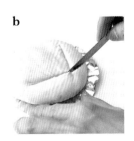

紅豆法國麵包

用長棍麵包的麵糰包住紅豆沙。

【材料】（6個份）

利斯朵中筋麵粉	200g
速發乾酵母	3g
砂糖	5g
鹽	4g
水	120g
紅豆沙	300g
黑芝麻	適量

【作法】

※ 先進行P.131「克林姆麵包」的步驟**1~4**，再以28℃~30℃發酵40分鐘。

1. 等麵糰發酵成1.8倍大後排氣，分割成6個55g麵糰，再滾圓。包上保鮮膜，擺放休息10分鐘。

2. 收口處朝上，把麵糰攤開，包進紅豆沙（**a**）。

3. 用手掌輕壓（**b**）。

4. 以35℃發酵30分鐘。以190℃預熱烤箱。

5. 用沾了水的擀麵棍抹上黑芝麻，再輕按麵糰（**c**）。

6. 把烘焙紙和烤盤放在麵糰上（**d**），以190℃的烤箱烘烤15分鐘完成。

a

b

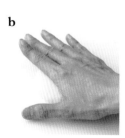

c

d

伯爵茶牛奶法國麵包

請放冰箱冷藏保存，享用前把牛奶抹醬放在室溫稍微回溫。

【材料】（4 條份）

利斯朵中筋麵粉⋯⋯⋯⋯⋯⋯160g

速發乾酵母⋯⋯⋯⋯⋯⋯⋯3g

伯爵茶的茶葉（磨成細末）⋯⋯3g

砂糖⋯⋯⋯⋯⋯⋯⋯⋯⋯5g

鹽⋯⋯⋯⋯⋯⋯⋯⋯⋯2.5g

牛奶⋯⋯⋯⋯⋯⋯⋯⋯100g

橄欖油⋯⋯⋯⋯⋯⋯⋯⋯10g

● 伯爵茶的牛奶抹醬

　奶油⋯⋯⋯⋯⋯⋯⋯⋯45g

　糖粉⋯⋯⋯⋯⋯⋯⋯⋯15g

　煉乳⋯⋯⋯⋯⋯⋯⋯⋯30g

　伯爵茶的茶葉（磨成細末）⋯⋯1.5g

【預先準備】◎ 製作伯爵茶的牛奶抹醬。

1. 把室溫回溫的奶油和糖粉放進調理盆，用攪拌機打發至變白。

2. 一點一點地加入煉乳並拌合。加入茶葉，大致混合後，裝進擠花袋中，放進冰箱冷藏至使用前5分鐘。

【作法】 ※先進行P.131「克林姆麵包」的步驟**1～4**，再滾圓麵糰，以28℃～30℃發酵40分鐘。

1. 等麵糰發酵成2倍大後排氣，分割成4個70g麵糰。製成圓筒狀後包上保鮮膜，擺放休息10分鐘。

2. 用擀麵棍擀成10×12cm，從近身側捲起。

3. 收合折疊收口處。剩下的麵糰也以同樣方式施作。

4. 滾動延展成18cm，把收口處朝下，放在麵糰發酵布上。

5. 以35℃發酵25分鐘。以180℃預熱烤箱。移到烘焙紙上，以180℃的烤箱烘烤10分鐘。

6. 待冷卻後，用剪刀剪開。

7. 擠進伯爵茶的牛奶抹醬。

白砂奶油葡萄乾麵包

割紋一下子裂開的時候，不管是誰都會很開心。

白砂奶油葡萄乾麵包

【材料】 （4個份）

鷹牌高筋麵粉	180g	雞蛋	50g
速發乾酵母	3g	奶油	16g
鹽	3.6g	葡萄乾	75g
砂糖	18g	烘烤用奶油	16g
水	65g	烘烤用精製白砂糖	適量

【預先準備】

◎ 葡萄乾泡水10分鐘後，瀝乾水分。把烘烤用的奶油製成4根棒狀。

【作法】　※先進行P.131「克林姆麵包」的步驟**1～6**，再滾圓麵糰，以28℃～30℃發酵40分鐘。

1. 等麵糰發酵成2倍大後排氣，分割成4個100g麵糰，再滾圓。包上保鮮膜，擺放10分鐘。

2. 收口處朝上排氣，把底部折成三角形。

3. 把三角形的部分從近身側往中心捲起。

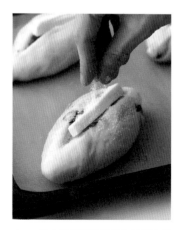

4. 確實折疊收口處，用雙手滾動延展成12cm。以35℃發酵30分鐘。以180℃預熱烤箱。

5. 在兩端各留1cm，劃入較深的割紋。塗上蛋液。

6. 放上烘烤用的奶油和精製白砂糖，以180℃的烤箱烘烤10分鐘完成。

非油炸咖哩麵包

用烤吐司機覆熱再吃，酥脆感倍增。
美味的內餡，也可以當作配飯的乾咖哩。

非油炸咖哩麵包

【材料】 （6個份）

鷹牌高筋麵粉	150g
速發乾酵母	3g
砂糖	10g
鹽	2.5g
雞蛋	12g
水	85g
奶油	15g

● 咖哩的內餡

絞肉	100g
馬鈴薯	50g
洋蔥	中型1/2顆
青椒	1/2個
奶油	15g
咖哩塊	約一小塊
蒜、薑（管狀調味料）	各2cm

● 麵衣

雞蛋	適量
麵包粉	適量
沙拉油	2大匙

【預先準備】 ◎ 製作咖哩內餡。

1. 把蔬菜切成5mm塊狀。

2. 在鍋中放入奶油、蒜、薑，拌炒絞肉。

3. 加入步驟**1**的蔬菜類，炒至軟化，再加入淹過材料的水（材料外），續煮一陣子。

4. 等蔬菜煮軟後，加入咖哩塊。

5. 煮到水分變少，呈現勾芡的黏稠狀為止。

6. 移到方形盤放涼。

◎ 麵包粉用180℃～190℃的烤箱烤15～20分鐘，烤成喜歡的烤色。

Point

完全冷卻後再整形

熬煮收汁的大概標準是，煮到平常享用咖哩時喜歡的濃度為止。等內餡完全冷卻後，會比較容易整形。

【作法】 ※先進行P.131「克林姆麵包」的步驟**1～6**，再滾圓麵糰，以28℃～30℃發酵40分鐘。

1. 等麵糰發酵成1.8倍大後排氣，分割成6個46g麵糰再滾圓。包上保鮮膜，擺放休息10分鐘。

2. 把收口處朝上，用擀麵棍擀開成刮板大小，在中心偏上的地方放上內餡。

3. 蓋上靠近身側的麵糰。

4. 確實收口接合處。

5. 把收口處朝上，輕輕壓扁，製成樹葉的形狀。剩下的材料也同樣操作。

6. 把麵糰沾上蛋液。

7. 裹滿麵包粉，收口處朝下，放在烘焙紙上。以35℃發酵20分鐘。以180℃預熱烤箱。

8. 加熱沙拉油，繞圈淋在麵糰上。以180℃的烤箱烘烤10分鐘完成。

火腿捲

其實只要稍微改變切法，就可以變成愛心形狀。
美乃滋拌上鮪魚、玉米、雞蛋也很美味♪

【材料】（6個份）

鷹牌高筋麵粉	160g
速發乾酵母	3g
砂糖	10g
鹽	2.5g
水	100g
奶油	20g
火腿	6片

【作法】

※ 先進行P.131「克林姆麵包」的步驟**1**～
  6，再滾圓麵糰，以28℃～30℃發酵40
  分鐘。

1. 等麵糰發酵成2倍大後排氣，分割成6個
   48g麵糰再滾圓。包上保鮮膜，擺放休息
   10分鐘。

2. 把收口處朝上，用擀麵棍擀開成比火腿
   稍大的大小（**a**）。

3. 放上火腿，從近身側捲起，把折疊收口
   處放在側邊並對折（**b**）。

4. 在邊端留下將近1cm，用刮板切割圍成
   一圈的地方（**c**）。攤開麵糰，放在鋁杯
   （8號）上（**d**）。

5. 以35℃發酵20分鐘。以180℃預熱烤箱。

6. 塗上蛋液（材料外），把美乃滋擠在中
   心。以180℃的烤箱烘烤10分鐘完成。

7. 烤好後放上香菜碎末（材料外）。

a

b

c

d

Point

如果要製作成愛心形

在步驟**3**對折時稍微錯開，切割後就會
變成愛心形狀。

鮪魚玉米杯

杯子裡要放什麼都自由隨意。
可以享受各種變化的樂趣！

【材料】（6個份）

鷹牌高筋麵粉	150g
速發乾酵母	3g
砂糖	16g
鹽	2g
水	75g
雞蛋	25g
奶油	15g
鮪魚罐頭	1罐
玉米	30g
美乃滋	適量

【預先準備】

◎ 製作內餡。在瀝乾油的鮪魚和玉米中，
加入鹽和胡椒（材料外），然後再加入美
乃滋拌合。建議調味成比較重的口味。

【作法】

※ 先進行P.131「克林姆麵包」的步驟**1**～
6，再滾圓麵糰，以28℃～30℃發酵40
分鐘。

1. 等麵糰發酵成2倍大後排氣，再分割成6
個47g麵糰，然後滾圓。包上保鮮膜，擺
放休息10分鐘。

2. 用擀麵棍擀開成12cm的圓形，然後用
8cm的圓形烤模鏤空（**a**）。

3. 把鏤空取出的麵糰放在鋁杯（8號）上
（**b**）。

4. 延展外側的麵糰形成兩個圓圈，放在鏤
空取出的麵糰上（**c**）。

5. 以35℃發酵30分鐘。以180℃預熱烤箱。

6. 用毛刷在麵糰的周圍塗上蛋液（材料
外），在圓圈中放進內餡（**d**）。以180℃
的烤箱烘烤10分鐘完成。

7. 烤好後放上香菜碎末（材料外）。

a

b

c

d

洋蔥捲

炒過的洋蔥甜味和麵包很相配！！

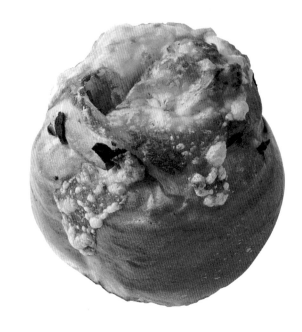

【材料】（6個份）

鷹牌高筋麵粉	150g
速發乾酵母	3g
砂糖	8g
鹽	2.5g
水	95g
雞蛋	8g
奶油	15g
●內餡	
洋蔥	50g
培根（切片）	2片
青椒	少許
美乃滋	適量
披薩用起司	適量

【預先準備】

◎ 製作內餡。把洋蔥切成薄片；培根和青椒切成3㎜的大小。用平底鍋拌炒，以鹽和胡椒（材料外）調味成較重的口味。

【作法】

※ 先進行P.131「克林姆麵包」的步驟**1**～**6**，再滾圓麵糰，以28℃～30℃發酵40分鐘。

1. 等麵糰發酵成2倍大後排氣。製成圓筒狀，包上保鮮膜，擺放休息15分鐘。
2. 把折疊收口處朝上，用擀麵棍擀開成20×30㎝。留下內側1㎝，其他地方鋪上內餡（**a**）。
3. 從近身側向外捲，收合折疊收口處。用刮板分割成6等分（**b**）。
4. 把剖面朝上，放在鋁杯（8號）上，對齊高度（**c**）。以35℃發酵30分鐘。以180℃預熱烤箱。
5. 用毛刷塗上蛋液（材料外），再擠上美乃滋，並撒上披薩用起司（**d**）。以180℃的烤箱烘烤10分鐘完成。

起司麵包

切達起司、卡芒貝爾起司、莫札瑞拉起司，你喜歡哪種起司呢？

【材料】（6個份）

鷹牌高筋麵粉 ⋯⋯⋯⋯⋯⋯⋯⋯160g
速發乾酵母 ⋯⋯⋯⋯⋯⋯⋯⋯⋯3g
砂糖 ⋯⋯⋯⋯⋯⋯⋯⋯⋯⋯⋯15g
鹽 ⋯⋯⋯⋯⋯⋯⋯⋯⋯⋯⋯2.5g
水 ⋯⋯⋯⋯⋯⋯⋯⋯⋯⋯⋯75g
雞蛋 ⋯⋯⋯⋯⋯⋯⋯⋯⋯⋯25g
奶油 ⋯⋯⋯⋯⋯⋯⋯⋯⋯⋯25g
加工起司（切成7～8mm塊狀）⋯⋯80g
披薩用起司 ⋯⋯⋯⋯⋯⋯⋯⋯適量

【作法】

※ 先進行P.131「克林姆麵包」的步驟 **1～6**，再滾圓麵糰，以28℃～30℃發酵40分鐘。

1. 等麵糰發酵成2倍大後排氣，分割成6個50g麵糰再滾圓。包上保鮮膜，擺放休息10分鐘（**a**）。

2. 把麵糰的收口處朝上，攤開成手掌大小。包進起司（**b**）。

3. 以35℃發酵30分鐘。以180℃預熱烤箱。

4. 用剪刀劃出十字切口，再放上披薩用起司。以180℃的烤箱烘烤10分鐘完成（**c**）。

a

b

c

Point

用起司
添加變化

把胡椒撒在起司
上，又是一種不同
的口味。

白麵包

製作訣竅是用擀麵棍擀開麵糰時，要擀到可以看到工作台的薄度。

【材料】（6個份）

鷹牌高筋麵粉	200g
速發乾酵母	4g
砂糖	18g
鹽	3.6g
牛奶	155g
奶油	25g
上新粉	適量

【作法】

※ 先進行P.131「克林姆麵包」的步驟 **1～6**，再滾圓麵糰，以28℃～30℃發酵40分鐘。

1. 等麵糰發酵成2倍大後排氣，分割成6個65g麵糰再滾圓。包上保鮮膜，擺放休息10分鐘（**a**）。

2. 確實地再滾圓一次，用擀麵棍在麵糰的中心做出寬2cm的凹痕（**b→c**）。

3. 以35℃發酵30分鐘。以170℃預熱烤箱。

4. 過篩撒上上新粉，以170℃的烤箱烘烤10分鐘完成（**d**）。

a

b

c

d

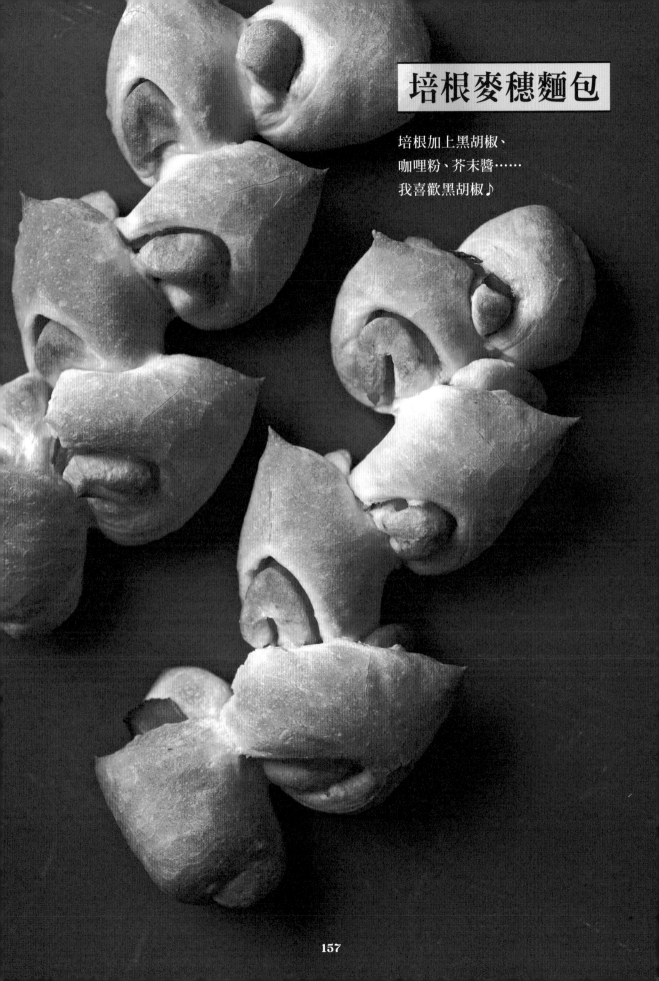

培根麥穗麵包

培根加上黑胡椒、
咖哩粉、芥末醬……
我喜歡黑胡椒♪

培根麥穗麵包

【材料】（23cm 2條份）

利斯朵中筋麵粉	180g
發酵麵糰	40g
速發乾酵母	1g
鹽	3.2g
水	120g
培根（切片）	4片

【作法】 ※先進行P.131「克林姆麵包」的步驟**1～3**，再滾圓麵糰，以28℃～30℃發酵40分鐘。

1. 等麵糰發酵成1.8倍大後排氣，分割成2個172g麵糰。製成圓筒狀，包上保鮮膜，擺放休息15分鐘。

2. 把收口處朝上，用擀麵棍擀開成10×培根長度+1cm。

3. 稍微重疊2片培根，從近身側捲起。

4. 收合折疊收口處，放在麵糰發酵布上。以35℃發酵35分鐘。把烤盤放進烤箱，以250℃預熱。

5. 從麵糰發酵布移到烘焙紙上。

6. 用剪刀對著麵糰以45度角剪開。寬2cm，共剪出6～7個。

7. 每次剪開時，左右移動麵糰。在烤箱添加蒸氣，以210℃烘烤15分鐘完成。

Point

添加香料或起司，享受口味變化的樂趣

培根撒上胡椒、芥末、蒜粉、咖哩粉，就會變成辛辣的口味。此外，也可以用切丁培根或將起司切成1cm的塊狀，代替培根加入；或是不加培根，做成長棍麥穗麵包，享受不同口味的樂趣。

傳統麵包店的麵包

Epilogue

　　麵包店販售許多不僅外表漂亮，看起來也很美味的麵包。因為日本人的主食不是麵包，所以總認為麵包就是用來搭配其他食物，或是肚子餓時當點心吃的。

　　我希望大家可以多吃麵包，就像吃白米飯一樣。希望大家可以更享受吃麵包這件事。有很多簡單的麵包，不用搭配其他東西也很美味。

　　我吃麵包時不會沾奶油或果醬，也不會重新烘烤。隨著時間過去，感覺麵包的味道就會一點一點地發生變化，這也是我最喜歡麵包的特色。阿姨覺得我的這種吃法很奇怪，據說她把我的故事告訴了一個她所照顧的法國留學生，而那位留學生也跟我一樣，吃麵包什麼都不沾。好吧，我知道這是個人偏好，覺得沾東西比較好吃的人，還是沾著吃比較好。不過，仍然推薦大家偶爾感受一下麵包的原味。

　　有一次我帶著法國蘑菇麵包回老家。父親吃起了麵包，但吃到一半就不吃了。「美香，雖然有點不好意思，但這是失敗的麵包嗎？」他問道。我真是被他打敗了。那不是麵包的問題，是他的吃法不對。他沒有切，就直接咬了起來。

　　每一種麵包都有適合的吃法。特別是硬式麵包，如果切得太厚或是直接吃，就會覺得外皮的部分很硬。應該要切成厚度約1cm再吃。切成薄片以後，吃起來就會很美味。不喜歡吃硬式麵包的人，建議嘗試看看切得稍微薄一點，或是撕碎再吃。

　　不僅要享受製作麵包的樂趣，請各位也務必享受麵包的各式變化，找出適合每一種麵包的吃法，享受不同吃法的樂趣。

　　願你與麵包同在的生活更加愉快，充滿笑容。

日本職人の

本格麵包事典

6種典型麵團×95款世界經典麵包，在家就能烤出專業級美味

作者 松尾美香（まつお・みか）
譯者 陳冠貴
主編 唐德容
封面設計 羅婕云
內頁美術設計 林意玲

發行人 何飛鵬
PCH集團生活旅遊事業總經理暨社長 李淑霞
總編輯 汪雨菁
行銷企畫經理 呂妙君
行銷企劃專員 許立心

出版公司
墨刻出版股份有限公司
地址：台北市104民生東路二段141號9樓
電話：886-2-2500-7008／傳真：886-2-2500-7796
E-mail：mook_service@hmg.com.tw
發行公司
英屬蓋曼群島商家庭傳媒股份有限公司城邦分公司
城邦讀書花園：www.cite.com.tw
劃撥：19863813／戶名：書虫股份有限公司
香港發行城邦（香港）出版集團有限公司
地址：香港灣仔駱克道193號東超商業中心1樓
電話：852-2508-6231／傳真：852-2578-9337
城邦（馬新）出版集團 Cite (M) Sdn Bhd
地址：41, Jalan Radin Anum, Bandar Baru Sri Petaling, 57000 Kuala Lumpur, Malaysia.
電話：(603)90563833／傳真：(603)90576622／E-mail：services@cite.my
製版・印刷 漾格科技股份有限公司
ISBN 978-986-289-807-9・978-986-289-802-4 (EPUB)
城邦書號 KJ2081 **初版** 2023年2月
定價 460元
MOOK官網 www.mook.com.tw
Facebook粉絲團
MOOK墨刻出版 www.facebook.com/travelmook
版權所有・翻印必究

HONKAKU PAN ZUKURI TAIZEN
© MIKA MATSUO 2022
Originally published in Japan in 2022 by SEKAIBUNKA Books Inc.,TOKYO.
Traditional Chinese Characters translation rights arranged with SEKAIBUNKA Publishing Inc.,TOKYO,
through TOHAN CORPORATION, TOKYO and KEIO CULTURAL ENTERPRISE CO.,LTD., NEW TAIPEI CITY.

國家圖書館出版品預行編目資料
日本職人の本格麵包事典：6種典型麵團x95款世界經典麵包,在家就能烤
出專業級美味/松尾美香作；陳冠貴譯. -- 初版. -- 臺北市：墨刻出版股份
有限公司出版：英屬蓋曼群島商家庭傳媒股份有限公司城邦分公司發行,
2023.02
160面；19×26公分. -- (SASUGAS；81)
譯自：プロ級のパンが家庭で焼ける 本格パン作り大全
ISBN 978-986-289-807-9(平裝)
1.CST：麵包 2.CST：點心食譜
427.16   111018001

材料提供：株式會社富澤商店
［ONLINE SHOP］https://tomiz.com/
☎ 042-776-6488

日方 Staff

書本設計	宮崎繪美子（製作所）
攝影	西山航（世界文化HOLDINGS）
造型	宮澤史繪、佐藤繪理
助理	奈良春美、植木智子、有江麻美、山口弘子、村上遙
校正	株式會社円水社
排版協助	株式會社明昌堂
撰稿協助	土田由佳
編輯	江種美奈子（世界文化BOOKS）

・本書出版方雖然已盡一切努力確保出版內容之正確性，但作者、受訪者及世界文化社均不對本書內容作出任何保證。在此事先明確聲明，對於因遵循本書所寫之理論、標示、建議等操作而發生的任何損傷或損失，出版社、作者和受訪者一概不負責。

・本書所記載之內容為截至2022年3月最新版本。